T0194010

Menschheitsproblem Klimaänderung

Albert Fässler

Menschheitsproblem Klimaänderung

Naturwissenschaftliche Tatsachen mit philosophischen Betrachtungen und Beiträgen

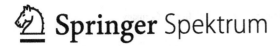 Springer Spektrum

Albert Fässler
Berner Fachhochschule
Evilard, Bern, Schweiz

ISBN 978-3-662-68541-9   ISBN 978-3-662-68542-6   (eBook)
https://doi.org/10.1007/978-3-662-68542-6

Die Deutsche Nationalbibliothek verzeichnet diese Publikation in der Deutschen Nationalbibliografie;
detaillierte bibliografische Daten sind im Internet über https://portal.dnb.de abrufbar.

Planung/Lektorat: Iris Ruhmann
Springer Spektrum ist ein Imprint der eingetragenen Gesellschaft Springer-Verlag GmbH, DE und ist
ein Teil von Springer Nature.
Die Anschrift der Gesellschaft ist: Heidelberger Platz 3, 14197 Berlin, Germany

Das Papier dieses Produkts ist recycelbar.

Vorwort

Ein dickes Buch ist ein großes Übel.
Gotthold Ephraim Lessing

Entstehung und Inhalt des Buches
Mein Vortrag mit dem Titel *Ein mathematisches Modell zur Klimaänderung* an der
ETH in Zürich im Dezember 2021 auf Einladung von Prof. Norbert Hungerbühler
hat durchwegs positive Reaktionen ausgelöst.

Die heterogene Zuhörerschaft bestand aus Ingenieuren, Medizinern, Physikern,
Mathematikern, Informatikern, Lehrkräften sowie einem Psychologen und einem
Piloten. Ihre Feedbacks haben mich motiviert, das vorliegende Buch zu verfassen.

Darin wurden Teile des Abschnittes *Klimawandel* aus meinem Buch *Schnelleinstieg Differentialgleichungen, 2. Auflage, Springer Verlag 2020* verwendet.

Das Problem der Klimaänderung ist ausgesprochen interdisziplinär und reflektiert die Komplexität des Planeten Erde.

Das Buch beinhaltet naturwissenschaftliche Grundlagen mit einem einfachen
etablierten mathematischen Modell sowie Ursachen und Auswirkungen. Zudem
gibt es einen Überblick über relevante Fakten und Daten, zusammengetragen aus
einer ganzen Palette von Quellen. Schliesslich war es mir ein wichtiges Anliegen,
auch Ansichten von Philosophinnen und Philosophen zum Thema einzubringen.

Es richtet sich an alle interessierten Personen, insbesondere auch an wirtschaft-
liche und politische Entscheidungsträger. Ebenso sind Leserinnen und Leser an-
gesprochen, welche nur wenig Bezug zur Mathematik haben und den Begriff der
Differentialgleichung kaum oder gar nicht kennen. Er wird im Anhang sachte und
einfach eingeführt. Es ist meine Absicht, damit eine vertiefte, differenzierte und
sachliche Meinungsbildung zur Klimaproblematik zu ermöglichen.

Die Berechnung von zukünftigen Temperaturverläufen für verschiedene Szenarien im Abschn. 2.2 können ignoriert werden, wenn man sich mit den grafischen
Lösungen begnügt.

Ich habe mich darum bemüht, den Inhalt nach der Auffassung von Albert Einstein zu beschreiben: *Man sollte alles so einfach wie möglich erklären, aber nicht
einfacher.*

Kein Plan B für die Erde

Das unvorstellbar grosse Universum ist etwa 14 Mrd. Jahre alt und beinhaltet eine kaum fassbare Anzahl von Himmelskörpern mit Milliarden von Galaxien, die selbst jeweils Milliarden von Sternen enthalten.

Das folgende Bild aus [69] zeigt das Herz der Spiralgalaxie Messier M74[1] der Phantom Galaxy M74 und wurde mit dem James Webb Teleskop der NASA aufgenommen.

Sie befindet sich etwa 32 Mio. Lichtjahre[2] weit weg von uns und weist einen Radius von 47 500 Lichtjahren auf. Die Hickson Compact Group 40[3] umfasst ein Quintett von Galaxien in einer Distanz von sogar etwa 300 Mio. Lichtjahren.

Astronomische Daten lösen Bescheidenheit und Demut aus.

Aus der gigantischen Fülle von Himmelskörpern zu schliessen, dass es einen Planeten B für uns gibt, ist absurd. Schon die mittlere Distanz zum Mars, dem nächstliegenden, aber lebensfeindlichen Planeten, beträgt etwa 70 Mio. km. Wir haben nur den Planeten A, unsere Erde!

Bereits im Jahre 1941 stellte der deutsche Klimatologe und Meteorologe Hermann Flohn (1912–1997) die These vom menschengemachten Klimawandel auf: „Die Tätigkeit des Menschen ist die Ursache einer erdumspannenden Klimäanderung, deren zukünftige Bedeutung niemand ahnen kann.“

Der Club of Rome sorgte mit seinem Buch *Grenzen des Wachstums* bereits 1972 für Aufsehen mit den Themen Bevölkerungsexpolosion, Rohstoffnot und zerstörte Umwelt.

---

[1] 1780 entdeckt vom französischen Astronomen Pierre Méchain, Assistent von Charles Messier.

[2] 1 Lichtjahr ist die Distanz, welche das Licht mit der Geschwindigkeit von 300 000 km/s in einem Jahr zurücklegt, also 9.46 Billionen km ≈ 10 000 Milliarden km.

[3] Paul Hickson, geb. 1950, ist eine britisch-kanadischer Astronom. Er hat 1982 einen Katalog von 100 Galaxiengruppen herausgegeben.

Aus heutiger Sicht gilt die nüchterne Feststellung, dass ein eklatanter Widerspruch zwischen Wissen und Handeln besteht.

Aus [3] *Die Unterwerfung: Wir sind nicht die Herren der Welt*. „Der Mensch versteht sich als Wesen, das ausserhalb der Natur steht und er betrachtet die Welt als Eigentum. Eine Geschichte der Naturbeherrschung und des menschlichen Hochmuts. Wir können uns vieles vorstellen. Eine Welt ohne Menschen nicht.

Der Gedanke, die Gattung, der wir selbst angehören, könnte in der Geschichte des Planeten eine blosse Episode sein, ist uns unerträglich, obwohl wir genau wissen, dass andere Erdbewohner aussterben, laufend in unfassbarem Ausmass. 150 Tier- und Pflanzenarten sind es Tag für Tag, die für immer verschwinden. Und ein Ende ist nicht in Sicht. Doch für den Menschen muss es immer weitergehen, irgendwie. Klar, für ihn gelten andere Regeln."

Dazu passt der ausgezeichnete Film [64] mit dem Titel *Kohlenstoff, Eine Geschichte von Leben und Tod*. Ohne Kohlenstoff kein Leben. Aber zuviel CO_2 in der Atmosphäre durch fossiles Abbrennen ist tödlich.

Er endet aus der Sicht eines personifizierten Kohlenstoffatoms mit der Aussage: „Was immer ihr Menschen machen werdet: ich überlebe."

Dank an verschiedene Persönlichkeiten

Ein ganz besonders großes Dankeschön geht an Dr. Nicolas Gruber, Professor für Umweltphysik am Departement Umweltsystemwissenschaften an der ETH Zürich für seine äußerst wertvolle Unterstützung und aktive Mitarbeit beim Analysieren des Modells.

Danken möchte ich Dr. Reto Knutti, Professor für Klimaphysik an der ETH Zürich, dem langjähriges Mitglied des Intergovernmental Panel on Climate Change IPCC (dem Weltklimarat), für seine Inputs und kritischen Antworten zu meinen Fragen.

Die Glaziologen Prof. Daniel Farinotti und Dr. Mauro Werder, beide an der ETH Zürich, gaben mir Unterstützung zum Thema Gletscher.

Frau Dr. Baoswan Dzung Wong spürte Druckfehler auf und verbesserte Texte sowie Grafiken. Ihre wertvolle, akribische Mitarbeit, die ich sehr zu schätzen weiss, trug zweifellos zur Qualität des Buches bei.

Herr Dr. Walter Businger generierte die Grafik im Anhang.

Frau Nikoo Azarm, Frau Meenakshi Rajenthiran sowie Frau Iris Ruhmann vom Springer Verlag leisteten mir redaktionelle Betreuung, Frau Anja Groth war für die Administration und Herr Abdul Salam für das Projektmanagement zuständig. Für ihre geschätzten Arbeiten ein großes Merci aus der Westschweiz von mir.

Ein Dank geht an Dr. Pankaj Shrivastasa,[4] der mir die Gelegenheit bot, meinen Vortrag mit dem Titel *Climate Change* im 2023 an seiner in Indien organisierten Video-Konferenz vorzutragen.

---

[4] Professor at the M. N. National Institute of Technology in Uttar Pradesh, General Secretary of the *Forum for Advanced Training in Education and Research, Academy of India (FAI)*.

Meiner am Thema interessierten Frau Carmen Fässler danke ich für eine ruhige, angenehme Arbeitsumgebung und einige Pressehinweise.

Geschätzte Leserin, geschätzter Leser

Das Menschheitsproblem der Klimaänderung ist ausgesprochen interdisziplinär. Es verknüpft Klimatologie, Physik, Chemie, Biologie, Umweltwissenschaften, Geographie, Glaziologie, Ökologie, Ökonomie und Soziologie.

Ich habe mich bemüht, die wesentlichen Aspekte der globalen Problematik aus relevanten Quellen gut verständlich zu beschreiben und aktuelle Daten aus der Flut an Informationen herauszufiltern mit dem Ziel, Ihnen eine Übersicht zum vielfältigen Thema zu präsentieren.

Die Berechnungen und das Erstellen der eigenen Grafiken wurden mit dem Computeralgebrasystem *Mathematica* durchgeführt.

Evilard   Albert Fässler
im September 2023

Inhaltsverzeichnis

Solare und Terrestrische Wärmestrahlung

1

Unter der **elektromagnetischen Strahlung** versteht man die Übertragung von Energie durch elektromagnetische Wellen bzw. Photonen.

Jeder Körper emittiert und absorbiert elektromagnetische Strahlung. Ein Körper, der die gesamte auftreffende Strahlung über sämtliche Wellenlängen (also über das gesamte Spektrum) absorbiert und emittiert, nennt man einen **Schwarzen Körper.** Es handelt sich um eine idealisierte thermische Strahlungsquelle. Intensität und spektrale Verteilung seiner Wärmestrahlung hängen nur von seiner Temperatur ab, sind also unabhängig von der Art des Körpers und seiner Oberfläche.

Das **Planck'sche Strahlungsgesetz** beschreibt für einen Schwarzen Körper die Intensitätsverteilung der elektromagnetischen Leistung in Abhängigkeit der Wellenlänge λ.

Das Strahlungsspektrum in Abhängigkeit von λ besteht aus drei Bereichen, wobei die Grenzen nicht genau festgelegt sind.

Um sie zu beschreiben, verwenden wir die üblichen Einheiten:
1 Nanometer $= 1\,\text{nm} = 10^{-9}\,\text{m}$, 1 Mikrometer $= 1\,\mu\text{m} = 10^{-6}\,\text{m} = 1000\,\text{nm}$.

1. Die kurzwellige **Ultraviolett-Strahlung (UV-Strahlung)** umfasst etwa die Wellenlängen von $100\,\text{nm}$ bis $400\,\text{nm}$,
2. das **sichtbare Licht** umfasst etwa den Bereich von $400\,\text{nm}$ (Violett) über Blau, Grün, Gelb bis $780\,\text{nm}$ (Rot),
3. die langwellige **Infrarot-Strahlung (IR-Strahlung)** umfasst etwa den Bereich von $780\,\text{nm}$ bis $1\,\text{mm}$.

Sonne und Erde können in guter Näherung als Schwarze Körper betrachtet werden.

© Der/die Autor(en), exklusiv lizenziert an Springer-Verlag GmbH, DE, ein Teil von Springer Nature 2024
A. Fässler, *Menschheitsproblem Klimaänderung*,
https://doi.org/10.1007/978-3-662-68542-6_1

- Die Sonne strahlt vor allem kurzwellige Strahlung aus.
- Die Erde strahlt die absorbierte Sonnenstrahlung als langwellige Infrarotstrahlung in die Atmosphäre ab.

In der folgenden Grafik sind beide Spektren in Abhängigkeit der Wellenlänge λ mit der Einheit Mikrometer skizziert.

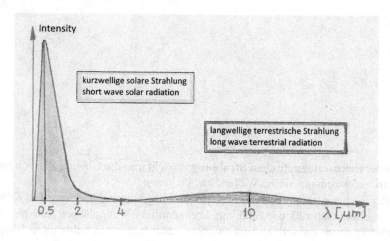

Die maximale Strahlungsintensität der Sonne tritt etwa bei der Wellenlänge 0.5 μm auf, diejenige der Erde bei etwa 10 μm.

Das **Wien'sche Verschiebungsgesetz**[1] besagt, dass die Wellenlänge, bei der ein Schwarzer Körper mit der absoluten Temperatur T die intensivste Strahlung abgibt, umgekehrt proportional zu T ist.

Für die Sonne mit einer maximalen Temperatur von 5900 K und derjenigen der Erde von 287 K gilt also entsprechend dem Wien'schen Verschiebungsgesetz

$$\frac{10}{0.5} \approx \frac{5900}{287}.$$

Wellenlänge λ und Frequenz f sind zueinander umgekehrt proportional:

$$c = \lambda \cdot f.$$

Dabei ist c ≈ 300 000 km/s die Lichtgeschwindigkeit im Vakuum.

Die Frequenz hat die Dimension s^{-1} und wird mit Hertz (Hz) bezeichnet.

Für die intensivste Sonnenstrahlung gilt also:

$$\lambda = 0.5\,\mu\text{m} \quad \text{und} \quad f = \frac{3 \cdot 10^8\,\text{m/s}}{0.5 \cdot 10^{-6}\,\text{m}} = 6 \cdot 10^{14}\,\text{Hz}.$$

---

[1]Wilhelm Wien, deutscher Physiker, geboren 1864 in Russland, gestorben 1928 in Deutschland.

Die *totale mittlere Sonneneinstrahlung (Total Solar Irradiation TSI)* auf eine Fläche senkrecht zu den Sonnenstrahlen beträgt außerhalb der Atmosphäre

$$S_0 = 1370 \frac{\mathrm{W}}{\mathrm{m}^2}.$$

Sie hat die Dimension Watt pro Quadratmeter, also jene einer Leistung pro Quadratmeter und entspricht der Fläche unter der solaren Spektralkurve.

Absorption, Reflexion und Streuung der Sonnenstrahlung bestimmen die Leistung auf der Erdoberfläche.

Die folgende Figur[2] zeigt drei Spektren der Sonnenstrahlung: dasjenige des idealen Schwarzen Körpers sowie die Spektren der extraterrestrischen und der terrestrischen Sonnenstrahlung. Darin finden sich auch Lücken, verursacht durch Resonanzanregung gewisser Frequenzen von Molekülen, die sich in Wärmebewegungen manifestieren.

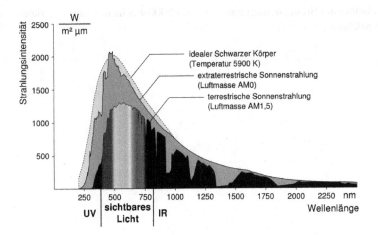

Die Ozonschicht, welche sich zwischen ca. 15 km und 30 km Höhe befindet, absorbiert einen Teil der für die Gesundheit schädlichen UV-Strahlung:

1. Lediglich die langwelligere UV-A-Strahlung (400–315 nm) geht praktisch ungefiltert durch die Ozonschicht hindurch;
2. von der UV-B-Strahlung (315–280 nm) gelangen etwa 10 % auf die Erdoberfläche;
3. und die UV-C-Strahlung (280–100 nm) wird praktisch vollständig abgeblockt.

---

[2] Aus https://de.wikipedia.org/wiki/Sonnenstrahlung.

Ein beeindruckender Vergleich aus [7]:

- **Mittlere konsumierte Leistung der Weltbevölkerung.**
  Pro Tag und Erdenbürger beträgt der mittlere Energiekonsum 58 kWh, was einer durchschnittlichen Leistung von 2.4 kW entspricht. Für die gesamte Weltbevölkerung von 8 Mrd. beträgt die mittlere konsumierte Leistung also etwa
  $8 \cdot 10^9 \cdot 2.4$ kW $\approx 1.9 \cdot 10^{13}$ W $= 19$ Terawatt $= 19$ TW.
  $1T = 1$ Tera $= 10^{12}$.

- **Mittlere Leistung der Sonnenstrahlung auf die Erde.**
  Die terrestrische Strahlung beträgt grob geschätzt etwa 70 % der extraterrestrischen Strahlung, wie man durch den Flächenvergleich unter den beiden Spektralverteilungen obiger Figur erkennt. Mit dem Erdradius R = 6371 km beträgt sie also etwa
  $0.7 \cdot S_0 \cdot \pi R^2 \approx 1.2 \cdot 10^{17}$ W $= 120\,000$ TW.

Die Leistung der Sonne beträgt also etwa das 6000-Fache des Leistungskonsums der Weltbevölkerung!

Das Null-dimensionale Energie-Gleichgewichts-Modell

Es ist auch bekannt unter dem Namen **Zero-dimensional Energy Balance Model** und wurde von zwei Persönlichkeiten entwickelt:[1]

- Von dem russischen Klimatologen, Geophysiker und Geographen Michail Iwanowitsch Budyko (1920–2001). Er galt als einer der führenden Klimaforscher. Mehrere Modelle und Voraussagen zur globalen Erwärmung gehen auf seine Forschungsarbeiten zurück.

- Von dem amerikanisch-britischen Klimaforscher Piers John Sellers und Astronauten (1955–2016). Nach seinen drei Raumflügen im All zwischen 2002 und 2010 wurde er Direktor der geowissenschaftlichen Forschungsabteilung am Goddard Space Flight Center der NASA.

---

[1]Die beiden Porträts wurden Wikipedia entnommen.

© Der/die Autor(en), exklusiv lizenziert an Springer-Verlag GmbH, DE, ein Teil von Springer Nature 2024
A. Fässler, *Menschheitsproblem Klimaänderung*,
https://doi.org/10.1007/978-3-662-68542-6_2

2.1 Differentialgleichung und Temperatur-Grenzwerte

Beim physikalischen Modell geht es um eine Bilanz von Wärmeleistungen: die Differenz zwischen dem aufgenommenen Wärmegewinn P_{Gewinn} der Erde durch die Sonnenstrahlung und ihrem Wärmeverlust P_{Verlust} durch Abstrahlung resultiert in einer Erwärmung der Erde.

Bei allen physikalischen Größen handelt es sich in diesem Kapitel **ausschließlich um global gemittelte skalare Größen,** weshalb von einem null-dimensionalen Modell gesprochen wird.

Für die Wärmemenge eines Körpers der Masse M mit der absoluten Temperatur T in Kelvin und seiner spezifischen Wärmekapazität C gilt

$$Q = C \cdot M \cdot T. \tag{2.1}$$

Im Falle der Erde handelt es sich bei C um die *spezifische mittlere globale Wärmekapazität* der betroffenen Schicht der Erdoberfläche pro Grad und kg.

Die Änderung der Wärmemenge pro Zeiteinheit $\frac{\mathrm{d}Q}{\mathrm{d}t}$ (physikalisch eine Leistung) wird beschrieben durch die folgende **Wärmegleichung** eines wärmeaustauschenden Körpers beliebiger Form:

$$\frac{\mathrm{d}Q}{\mathrm{d}t} = P_{\text{Gewinn}} - P_{\text{Verlust}}. \tag{2.2}$$

Die totale von der Erde absorbierte konstante mittlere Leistung der kurzwelligen Sonneneinstrahlung beträgt

$$P_{\text{Gewinn}} = \pi R^2 \cdot S_0 \cdot (1 - \alpha).$$

Dabei ist πR^2 der Flächeninhalt der Kreisscheibe mit R = Radius der Erdkugel und $\alpha \approx 0.32$ der Bruchteil des reflektierten Teils der Strahlung, der **planetarischen Albedo**. Es wird also 32 % der Sonnenstrahlung reflektiert.

Warum eine Kreisscheibe? Die Sonnenstrahlung auf die kleinen Flächenelemente der halben Kugeloberfläche erfolgt im Allgemeinen schief, nicht senkrecht. Für die Leistung zählt deshalb nur der Flächeninhalt der auf die Ebene senkrecht zur Einstrahlung projizierten beschienenen Halbkugel.

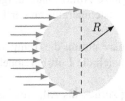

Die totale Verlustleistung, verursacht durch die ausgehende langwellige Strahlung, ist gegeben durch das **Stefan-Boltzmann Gesetz**[2]

$$P_{\text{Verlust}} = 4\pi R^2 \cdot \varepsilon \cdot \sigma \cdot g \cdot T^4.$$

Dabei ist

- $\varepsilon = 0.97$ das Emissionsvermögen, das besagt, wie viel Strahlung die Erde im Vergleich zu einem idealen Schwarzen Körper abstrahlt,
- $\sigma = 5.67 \cdot 10^{-8} \frac{\text{W}}{\text{m}^2\text{K}^4}$ die Boltzmann-Konstante,
- T die mittlere Temperatur der Erdoberfläche in Kelvin,
- $4\pi R^2$ der Flächeninhalt der gesamten Erdoberfläche (denn die Abstrahlung geschieht in allen Richtungen gemäß der folgenden Figur).

Der beeinflussbare entscheidende **Abstrahlungsfaktor** $g < 1$ modelliert den Treibhausgaseffekt. Er ist das Resultat der Tatsache, dass die Emissionstemperatur in der

---

[2]Josef Stefan (1835–1893) war österreichischer Mathematiker und Physiker mit slowenischen Wurzeln, Ludwig Boltzmann (1844–1906) war österreichischer Physiker.

realen Atmosphäre – das heißt die Temperatur, welche man vom All aus sehen würde – nicht der Temperatur auf der Erdoberfläche entspricht.

Der Grund liegt darin, dass ein größerer Anteil der durch die Erdoberfläche emittierten Infrarotstrahlung die Atmosphäre nicht verlässt, da sie durch Treibhausgase, hauptsächlich durch Wasserdampf und CO_2, in der Atmosphäre absorbiert wird. Diese Teilchen strahlen die absorbierte Energie in alle Richtungen ab, auch nach unten zurück zur Erde. Dadurch heizt sich die Erdoberfläche auf und durch Konvektion wird damit auch die ganze Atmosphäre aufgeheizt. Durch diesen **Treibhauseffekt** liegt die Durchschnittstemperatur an der Erdoberfläche höher als ohne Atmosphäre.

In der konvektiven Atmosphäre nimmt die Temperatur mit zunehmender Höhe ab, hauptsächlich deshalb, weil sich die Luft bei abnehmendem Druck adiabatisch ausdehnt.

Wegen der Infrarotstrahlung zurück ins All, welche abhängig ist von der Höhe, kann das System Erde die Balance zwischen einfallender und ausfallender Strahlung auch bei Vorhandensein der Treibhausgase aufrechterhalten. Mit der aktuellen Konzentration des Treibhausgases findet die Infrarotstrahlung ins All auf einer Höhe von etwa 5 km statt.

In unserem vorliegenden einfachen Energie-Gleichgewichts-Modell berücksichtigen wir den Wärmeverlust durch die Infrarotemission mit dem Abstrahlungsfaktor $g < 1$.

Es ist zu beachten, dass seine genaue Größe von vielen Feedbacks im System Erde abhängt. So würde beispielsweise ein Anstieg der Menge Wasserdampf in der Atmosphäre den Abstrahlungsfaktor g verkleinern.

Aus (2.1) folgt für die **momentane Änderung der Wärmeenergie** der Erde pro Zeiteinheit (eine physikalische Leistung)

$$\frac{dQ}{dt} = C \cdot M \cdot \frac{dT}{dt}.$$

Die involvierte Masse M der Schicht der Erdoberfläche mit der mittleren Dicke ΔR, welche am Wärmeaustausch beteiligt ist, beträgt mit ihrer mittleren Dichte ρ

$$M = 4\pi R^2 \cdot \Delta R \cdot \rho.$$

Damit resultiert für die Wärmegleichung (2.2)

$$4\pi R^2 \cdot \Delta R \cdot \rho \cdot C \cdot \frac{dT}{dt} = P_{\text{Gewinn}} - P_{\text{Verlust}}.$$

Nach Division der Gleichung durch den Faktor $4\pi R^2$ folgt daraus die **nichtlineare Differentialgleichung** 1. Ordnung für die unbekannte Funktion $T(t)$, welche sich auch in [24], Teilabschnitt 3.2.1 findet:[3]

$$C_E \cdot \frac{\mathrm{d}T}{\mathrm{d}t} = \frac{S_0}{4}(1 - \alpha) - \varepsilon \cdot \sigma \cdot g \cdot T^4.$$

Die Konstante $C_E = \Delta R \cdot \rho \cdot C$ kann als *mittlere spezifische Wärmekapazität pro* m^2 interpretiert werden, denn für ihre Dimension gilt $[C_E] = $ J / (K $\cdot$ m^2).

In einer Differentialgleichung 1. Ordnung tritt nebst der unbekannten Funktion $T(t)$ auch deren 1. Ableitung $\frac{\mathrm{d}T}{\mathrm{d}t}$ auf. Das Problem besteht darin, als Lösung die Funktion $T(t)$ zu berechnen (nicht eine Zahl).

An dieser Stelle sei auf den Anhang hingewiesen, wo einführend auf den Begriff der Differentialgleichung eingegangen wird.

Gemäß den Klimawissenschaften wird die vorherrschende Einstrahlungsleistung $\frac{S_0}{4}(1 - \alpha)$ in Zukunft wegen Rückkoppelungen in der Atmosphäre bedingt durch das Treibhausgas um den sogenannten **Radiative Forcing** oder **Strahlungsantrieb**

$$\Delta F = 5.35 \frac{\mathrm{W}}{\mathrm{m}^2} \cdot \ln\left(\frac{c_e}{c_0}\right)$$

erhöht. Dabei ist $c_0 = 280\,\mathrm{ppm}$[4] die relative vorindustrielle CO_2-Referenzbelastung und c_e die aktuelle relative Belastung der sogenannten CO_2-Äquivalente (Equivalents), welche **alle** Treibhausgase umfassen. Es geht also um die Anzahl aller Treibhausgas-Moleküle pro Million Teilchen in der Atmosphäre.

Die nicht-lineare Differentialgleichung mit dem Strahlungsantrieb lautet somit

$$C_E \cdot \frac{\mathrm{d}T}{\mathrm{d}t} = \frac{S_0}{4}(1 - \alpha) + \Delta F - \varepsilon \cdot \sigma \cdot g \cdot T^4. \tag{2.3}$$

Die folgende aus [30] entnommene **Keeling-Kurve**[5] zeigt die **reine** CO_2-Konzentration zwischen den Jahren 1958 und 2022:

---

[3]Referenz durch Prof. Dr. Stefan Brönnimann, Gruppe für Klimatologie am Geographischen Institut der Universität Bern.

[4]ppm ist die Abkürzung für parts per million, 1 ppm $= 10^{-6} = 1/10^6 = 1$ Millionstel, vergleichbar mit 1 % $= 10^{-2} = 1$ Hundertstel und 1 Promille $= 10^{-3} = 1$ Tausendstel.

[5]Charles David Keeling (1928–2005) war als US-amerikanischer Klimaforscher Professor für Chemie am Scripps Institution of Oceanography bei San Diego. Gastprofessuren an den Universitäten Heidelberg (1969–1970) und Bern (1979–1980).

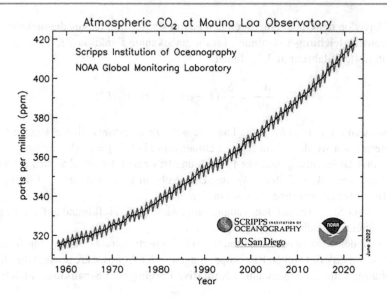

Während der kurzen Zeitspanne von 64 Jahren hat sich der Wert um ca. 30 % erhöht! Zur Grafik findet sich folgender Text:

Im Mai 2022 wurde am *NOAA Mauna Loa Atmospheric Baseline Observatory* der Wert c = 420.99 ppm gemessen, ein Spitzenwert, der während Millionen von Jahren nicht erreicht wurde.

Das *Scripps Institution of Oceanography* hat völlig unabhängig davon den Wert c = 420.78 ppm gemessen. Er ist vergleichbar mit dem Spitzenwert im Pliozän vor 4.1 bis 4.5 Mio. Jahren!

Die Größe ΔF hängt logarithmisch von c_e ab und ändert sich deshalb nur schwach. Wenn wir sie in erster Näherung als konstant betrachten, so erhalten wir durch Nullsetzen der rechten Seite der Differentialgleichung (2.3) mit den numerisch gegebenen Parametern in Abhängigkeit des Abstrahlungsfaktors g die folgende zeitunabhängige konstante Lösung:

$$T_\infty(g) = \sqrt[4]{\frac{S_0(1-\alpha)/4 + \Delta F}{\varepsilon \cdot \sigma \cdot g}} = \sqrt[4]{\frac{1370 \cdot 0.68/4 + \Delta F}{0.97 \cdot 5.67 \cdot 10^{-8} g}} = \sqrt[4]{\frac{232.9 + \Delta F}{5.500}} \frac{100}{\sqrt[4]{g}} \text{ K} \tag{2.4}$$

Physikalisch ausgedrückt handelt es sich um eine **stationäre Lösung.**

Gemäß der Keeling-Kurve nimmt c_e in Abhängigkeit der Zeit seit etwa 1999 nahezu linear zu.

Auf Grund der bekannten Daten von 439 ppm im Jahr 1999 und 510 ppm im Jahr 2022 für *alle* Treibhausgase beträgt die jährliche Zunahme des c_e-Wertes also etwa (510−439)/23 = 3.09 ppm/Jahr.

Extrapoliert ergibt sich nach 10 Jahren für 2032 also c_e = 510 + 30.9 = 541 ppm und damit

$$\Delta F = 5.35 \frac{\text{W}}{\text{m}^2} \cdot \ln\left(\frac{541}{280}\right) = 3.52 \frac{\text{W}}{\text{m}^2}.$$

Für 2022 ist

$$\Delta F = 5.35 \frac{\mathrm{W}}{\mathrm{m}^2} \cdot \ln\left(\frac{510}{280}\right) = 3.21 \frac{\mathrm{W}}{\mathrm{m}^2}.$$

Die zwei Werte sind im Vergleich zur Leistung $S_0(1-\alpha)/4$ W/m^2 klein, was die Formel (2.4) rechtfertigt: Sie liefert nämlich für beide Strahlungsantriebe

$$T_\infty(g) = \frac{256.0}{\sqrt[4]{g}} \text{ in Kelvin.} \tag{2.5}$$

Die folgenden beiden Grafiken aus [71] zeigen die mittleren globalen Temperaturdifferenzen über den Zeitraum zwischen 1850 und 2020, die sogenannten **Temperaturanomalien.** Die obere Grafik (a) bezieht sich auf das Niveau der Zeitspanne von 1961 bis 1990, die untere (b) auf die vorindustrielle Zeit.

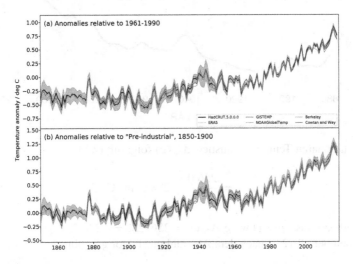

Aus Quelle [72]:

„Das Jahrzehnt 2011–2020 ist nach Einschätzung des Weltklimarats IPCC das wahrscheinlich wärmste Jahrzehnt seit der letzten Zwischeneiszeit vor etwa 125 000 Jahren und die sechs Jahre von 2015 bis 2020 waren zugleich die wärmsten Jahre seit Beginn der Messungen. Das Jahr 2020 lag mit 1.24 °C – wie aus der vorherigen Grafik ersichtlich ist – über dem vorindustriellen Wert (1850–1900) von 13.7 °C.“[6]

Der Trend zwischen den Jahren 1970 und 2020 zeigt über die Dauer von 50 Jahren etwa einen linearen Verlauf mit $(1.24 - 0.26)/5 = 0.20$ °C pro Jahrzehnt.

---

[6]Die mittlere globale Temperaturanomalie über dem Land lag 2020 mit 1.70 °C höher als der globale Mittelwert 1.24 °C, da sich die Atmosphäre über dem Land stärker erwärmt als über dem Ozean. Quelle: [1].

Extrapolation über zwei Jahre ab 2020 ergibt also für das **Jahr 2022** eine **mittlere Temperaturanomalie** von

$$1.20 + 0.04 = 1.24\,°C. \tag{2.6}$$

und eine **mittlere Oberflächentemperatur** von $(273.1 + 13.7 + 1.24)\,K = 288.0\,K$.

Eine Bestätigung der vorangehenden Grafik liefert die folgende Grafik aus dem NASA-Bericht [38] von 2021:

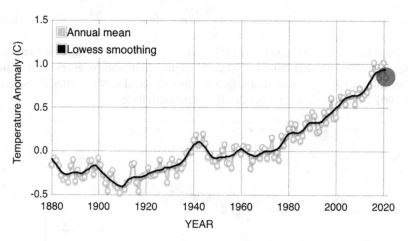

Für den stationären Temperaturanstieg $\Delta_\infty(g)$ folgt mit (2.5)

$$\Delta_\infty = \frac{256.0}{\sqrt[4]{g}} - 288.0 \ \text{ in } °C. \tag{2.7}$$

Ohne Treibhausgas ($g = 1$) wäre $\Delta_\infty(1) = 256{-}288 = -32\,°C$.

Auflösen der Gl. (2.7) nach dem Abstrahlungsfaktor g ergibt

$$g = \left(\frac{256}{\Delta_\infty + 288}\right)^4.$$

Hier sind einige g-Werte zu viel diskutierten Szenarien:

1. Für $\Delta_\infty = 0\,°C$ resultiert $g_0 = 0.624$.
2. Für $\Delta_\infty = 1.5\,°C$ resultiert $g_{1.5} = 0.6115$.
3. Für $\Delta_\infty = 2.0\,°C$ resultiert $g_{2.0} = 0.6073$.
4. Für $\Delta_\infty = 3.0\,°C$ resultiert $g_{3.0} = 0.600$.

Der Vergleich $g_0 > g_{1.5} > g_{2.0} > g_{3.0}$ bestätigt, dass ein größerer g-Wert einen kleineren Temperaturanstieg Δ_∞ bewirkt.

Eine zentrale Größe in den Klimawissenschaften ist die **Klimasensitivität**, definiert als Temperaturanstieg im Falle einer Verdoppelung des c_e-Wertes gegenüber dem vorindustriellen Zeitalter.

Der Strahlungsantrieb wäre dann $\Delta F = 5.35 \cdot \ln 2 = 3.71 \, \text{W/m}^2$. Auch für diesen numerischen Wert gilt (2.5).

Aussage im fünften Sachstandsbericht von 2017 des IPCC:

Die Klimasensitivität liegt wahrscheinlich zwischen 1.5 °C und 4.5 °C. Dem Mittelwert von 3.0 °C entspricht der 4. Fall mit $g_{3.0} = 0.600$.

2.2 Zeitlicher Temperaturanstieg für verschiedene Szenarien

Vorerst berechnen wir den numerischen Wert von $C_E = \Delta R \cdot \rho \cdot C$:

- Die Eindringtiefe von Licht in Wasser ist abhängig von der Wellenlänge. Sie variiert zwischen 5 m (für rotes Licht) und 60 m (für blaues Licht). Aber die relevante Wasserschicht ist hauptsächlich durch die Konvektionstiefe gegeben, welche sich zwischen 10 m und über 100 m bewegt. Man nennt sie *Mischschicht*. Ihre mittlere Dicke wird beeinflusst durch den Wind (Impulsantrieb) und durch die Änderung der Wasserdichte an der Oberfläche, die durch Warmwasser- und Frischwasserflüsse (sogenannte Auftriebskräfte) verursacht wird. Die mittlere globale Mischschicht wird auf $\Delta R \approx 40 \, \text{m}$ geschätzt.
- Ungefähr 3/4 der Erdoberfläche ist durch Wasser bedeckt mit einer spezifischen Wärmekapazität von $4187 \frac{\text{J}}{\text{kg·K}}$. Unter Berücksichtigung der Tatsache, dass die verschiedenen Materialien der Erdkruste kleinere Wärmekapazitäten haben, wird die globale mittlere spezifische Wärmekapazität auf $C \approx 3440 \frac{\text{J}}{\text{kg·K}}$ geschätzt.
- Schätzung der mittleren Dichte: $\rho \approx 1500 \, \text{kg} \, / \, \text{m}^3$.

Somit resultiert für die spezifische Wärmekapazität pro Quadratmeter

$$C_E \approx 40 \, \text{m} \cdot 1500 \, \frac{\text{kg}}{\text{m}^3} \cdot 3440 \, \frac{\text{J}}{\text{kg} \cdot \text{K}} = 2.06 \cdot 10^8 \, \frac{\text{J}}{\text{m}^2 \cdot \text{K}} .$$

Wegen J = Ws (1 Joule = 1 Wattsekunde) gilt für t die Zeiteinheit Sekunde.

Es sei $T(t) = T_1 + \Delta(t)$ mit $T_1 = 288 \, \text{K}$. Um den zeitlichen Temperaturverlauf $\Delta(t)$ zu berechnen, wird die **Differentialgleichung** folgendermaßen **linearisiert:** Da Δ im Vergleich zu T klein ist, gilt unter Verwendung des binomischen Lehrsatzes in guter Näherung

$$T^4 = (T_1 + \Delta)^4 \approx T_1^4 + 4T_1^3 \cdot \Delta,$$

denn die verbleibenden Terme mit den Faktoren $\Delta^2, \Delta^3, \Delta^4$ sind gegenüber der obigen rechten Seite so klein, dass sie vernachlässigt werden können.

Weil sich $T(t)$ und $\Delta(t)$ nur um die additive Konstante T_1 voneinander unterscheiden, ist $\frac{d\Delta}{dt} = \frac{dT}{dt}$. Somit folgt aus (2.3) die linearisierte Differentialgleichung

$$C_E \cdot \frac{d\Delta}{dt} = A - B \cdot \Delta \quad \text{mit } \Delta(0) = 0 \tag{2.8}$$

für die Funktion $\Delta(t)$, wobei

$$A(g) = \frac{S_0}{4}(1 - \alpha) + \Delta F - \varepsilon \cdot \sigma \cdot T_1^4 \cdot g \quad \text{und} \quad B(g) = 4 \cdot \varepsilon \cdot \sigma \cdot T_1^3 \cdot g.$$

Mit (2.8) steht nun ein **lineares Modell** zur Verfügung.

Unter Verwendung des arithmetisch gemittelten Strahlungsantriebs der Größe $\Delta F = (3.52+3.21)/2 = 3.36 \, \text{W/m}^2$ aus den bereits gerechneten Werten für die Jahre 2022 und 2032 und den übrigen numerischen Werten ergeben sich aus

$$\frac{S_0}{4}(1 - \alpha) + 3.36 = 236.3, \quad \varepsilon \cdot \sigma = 0.97 \cdot 5.67 \cdot 10^{-8} = 5.500 \cdot 10^{-8}$$

$$T_1^4 = 6.8797 \cdot 10^9, \quad T_1^3 = 2.3888 \cdot 10^7$$

die linear von g abhängigen Ausdrücke

$$A(g) = 236.3 - 378.4 \cdot g \quad \text{und} \quad B(g) = 5.255 \cdot g. \tag{2.9}$$

Der Grenzwert Δ_∞ von $\Delta(t)$ für $t \to \infty$, in Abhängigkeit von g, ergibt sich wegen $\frac{d\Delta}{dt} = 0$ aus der Nullstelle der rechten Seite von (2.8):

$$\Delta_\infty(g) = \frac{A(g)}{B(g)} = \frac{236.3 - 378.4 \cdot g}{5.255 \cdot g} \quad \text{in } °C. \tag{2.10}$$

Hier bietet sich eine Kontrolle für den Fall $\Delta_\infty = 0$. Es muss $A(g) = 0$ gelten. Daraus ergibt sich erneut $g = g_0 = 0.624$. Auch die anderen so berechneten Werte stimmen mit den früheren Berechnungen überein.

In [11] des **Intergovernmental Panel on Climate Change IPCC (Weltklimarat)** befinden sich umfassende Informationen, darunter Folgendes:

„Seit 1850 war jedes der vergangenen vier Jahrzehnte wärmer als alle Jahrzehnte davor.

Die mittlere globale Oberflächentemperatur war

- in den ersten beiden Jahrzehnten des 21. Jahrhunderts von 2001 bis 2020 um 0,99 [0.84 bis 1,10] °C höher als 1850–1900.
- im Zeitraum 2011–2020 um 1,09 [0,95 bis 1,20] °C höher als 1850–1900, wobei der Anstieg über Land mit 1,59 [1,34 bis 1,83] °C größer war als über dem Ozean mit 0,88 [0,68 bis 1,01] °C."

Die vom Weltklimarat IPCC vorgeschlagenen mittleren Temperaturerhöhungen von 2.0 °C bzw. 1.5 °C beziehen sich auf die **vorindustrielle** Zeitspanne zwischen den Jahren 1880 und 1900. Wegen (2.6) ist die Differenz von 1.24 °C bereits aufgebraucht.[7]

Als dritten Fall betrachten wir noch eine Temperaturerhöhung von 3.0 °C gegenüber der vorindustriellen mittleren Oberflächentemperatur.

Die Berechnung von $A(g)$ und $B(g)$ in der Tabelle erfolgt gemäß (2.9):

g-Wert	$A(g)$	$B(g)$	$A(g)/B(g)$
$g_{1.5} = 0.6115$	4.91	3.213	1.53
$g_{2.0} = 0.6073$	6.50	3.191	2.03
$g_{3.0} = 0.600$	9.26	3.153	2.94

Die letzte Spalte dient zur Kontrolle. Wegen (2.8) gilt die lineare Differentialgleichung

$$\frac{\mathrm{d}\Delta}{\mathrm{d}t} = \frac{A(g)}{C_E} - \frac{B(g)}{C_E} \cdot \Delta \quad \text{mit } \Delta(0) = 0.$$

Der Zeitpunkt $t = 0$ bezieht sich auf das Jahr 2023.

Unter der Voraussetzung, dass der g-Wert zeitlich konstant ist, lautet die Lösung des Anfangswertproblems (vgl. dazu das Beispiel 9.4 im Anhang)

$$\Delta(t) = \Delta_\infty \cdot \left[1 - \exp\left(-\frac{B(g)}{C_E} \cdot t\right)\right] \quad \text{mit t in Sekunden.} \tag{2.11}$$

Für die Temperaturerhöhung um 1.5 °C verbleibt somit $\Delta_\infty = 1.5 - 1.24 = 0.26$ °C. Umrechnung von t Sekunden auf τ Jahre: $1\,\tau = 365 \cdot 24 \cdot 3600\,\mathrm{s} = 3.15 \cdot 10^7\,\mathrm{s}$. Mit der neuen Konstanten im Exponenten

$$-B(g) \cdot \frac{3.15 \cdot 10^7}{2.06 \cdot 10^8} = -0.1529 \cdot B(g)$$

resultiert daraus

$$\Delta(\tau) = \Delta_\infty(g) \cdot (1 - e^{-0.1529 \cdot B(g) \cdot \tau}) \quad \text{mit } \tau \text{ in Jahren.} \tag{2.12}$$

Für die Temperaturerhöhungen von 1.5, 2.0, 3.0 °C seit der Vorindustrialisierung ergeben sich mit der Addition der bereits beanspruchten Temperaturdifferenz von 1.24 °C gemäß (2.6) die Lösungen

---

[7]Nach der Weltmeteorologie-Organisation (WMO) der UNO lag die globale Zunahme der Durchschnittstemperatur im Jahr 2021 bei 1.11 °C über dem vorindustriellen Niveau. Diese Aussage unterscheidet sich also gegenüber dem IPCC mit 1.21 °C um 0.1 °C.

$$T_{1.5} = 0.26 \cdot (1 - e^{-0.4913 \cdot \tau}) + 1.24,$$

$$T_{2.0} = 0.76 \cdot (1 - e^{-0.4879 \cdot \tau}) + 1.24,$$

$$T_{3.0} = 1.76 \cdot (1 - e^{-0.4821 \cdot \tau}) + 1.24$$

mit den folgenden Graphen:

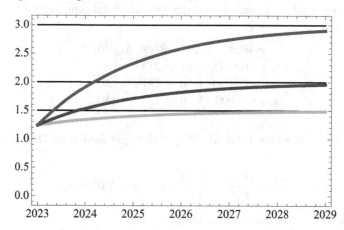

Eine Bestätigung findet sich im folgenden Klimabericht [16] der *Weltmeteorologie-Organisation (World Meteorological Organization WMO) der UNO* von 2022:

„Er zeigt, dass die globale Jahresdurchschnittstemperatur mit 50 %iger Wahrscheinlichkeit bereits in den nächsten fünf Jahren die Marke von 1.5 °C mindestens einmal überschreiten wird. Daraus folgt zwar nicht, dass die 1.5 °C-Grenze ab diesem Zeitpunkt kontinuierlich überschritten wird, in den Folgejahren kann der Durchschnittswert auch wieder niedriger ausfallen. Allerdings geht der Bericht davon aus, dass Überschreitungen der 1.5-°C-Marke mit der Zeit immer wahrscheinlicher werden und die globalen Temperaturen weiter ansteigen."

Mehr Informationen finden sich im IPCC-Sonderbericht [10] vom 2020.

Bemerkung In einem Zeitbereich von ca. 20 Jahren ist die berechnete Konstante C_E vernünftig. Für größere Zeiträume bis zu Jahrzehnten und Jahrhunderten müsste berücksichtigt werden, dass die Erwärmung der Meere bis in viel größere Tiefen erfolgt, also die Größe ΔR ein Mehrfaches von 40 m betragen würde.

Zunahme der Treibhausgase

3

3.1   Verursacher Mensch

Betrachtet man die Keeling-Kurve in Abschn. 2.1 nach Formel (2.3), so stellt sich die zentrale Frage, ob der Anstieg des CO_2-Anteils in der Atmosphäre während der vergangenen Jahrzehnte durch den Menschen verursacht wurde. Die Antwort heißt völlig unmissverständlich: Ja! Der Mensch ist der Verursacher.[1]

Begründung:
Die nächste Grafik zeigt Messungen der Konzentration des Kohlenstoffisotops C14 in der CO_2-Atmosphäre von 1945 bis 2015.

Die Konzentration in der Atmosphäre vor 1950, verursacht durch kosmische Strahlung, war über Tausende von Jahren praktisch konstant.

Die C14-Altersbestimmung beruht auf dieser Tatsache.[2]

Die oberirdischen Atombombentests in den 1950er und 1960er Jahren haben die Konzentration von C14 für kürzere Zeitabschnitte stark erhöht (Bombenpeak).

Das intensive Abbrennen fossiler Brennstoffe produziert aber **kein** C14, sondern ausschließlich C12. Dadurch nahm die Konzentration von C14 in der Atmosphäre nach dem Bombenpeak kontinuierlich ab, sodass sie 2015 praktisch wieder auf dem Stand vor den Atombombentests lag.

---

[1] Aus dem Newsletter Planet A der NZZ vom 10. April 2023: Der scheidende Präsident der Weltbank, David Malpass, wurde im September 2022 in einer Podiumsdiskussion gefragt, ob das Verbrennen fossiler Brennstoffe den menschengemachten Klimawandel verursache. Statt mit Ja zu antworten, wich er aus. Er sei kein Wissenschaftler.
[2] Siehe die Abschn. 3.3.2 und 3.3.3 in [19].

© Der/die Autor(en), exklusiv lizenziert an Springer-Verlag GmbH, DE, ein Teil von Springer Nature 2024
A. Fässler, *Menschheitsproblem Klimaänderung*,
https://doi.org/10.1007/978-3-662-68542-6_3

In [25] findet sich eine Analyse, welche für verschiedene Szenarien bis Ende dieses Jahrhunderts deutlich kleinere Konzentrationen von C14 aufweisen als im vorindustriellen Zeitalter.

Die folgende Grafik wurde aus [65] entnommen:

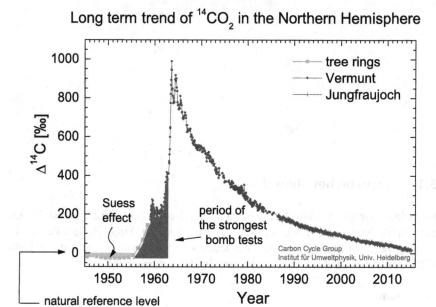

Die zugehörige Definition lautet:

$$\Delta^{14}C = \left(f \cdot \frac{n^{14}}{n^C} - 1\,000 \right) \%\!o. \tag{3.1}$$

Dabei ist $f = 8.19 \cdot 10^{14}$ eine dimensionslose Konstante, n^{14} bezeichnet die Anzahl C14-Atome und n^C die Anzahl CO_2-Moleküle in einem gegebenen Volumen der Atmosphäre.

Das Jungfraujoch in der Schweiz befindet sich auf einer Höhe von 3 466 m über Meer, Vermunt in Österreich auf 2 000 m über Meer.

- Für die vor 1950 während Jahrtausenden geltende praktisch konstante C14-Konzentration $r = \dfrac{n^{14}}{n^C} = 1.22 \cdot 10^{-12}$ gilt $\Delta^{14}C = 0$.
- Für die doppelte C14-Konzentration $2r = 2.44 \cdot 10^{-12}$ gilt $\Delta^{14}C = 1\,000\,\%\!o$.
- Für die 1.5-fache C14-Konzentration $1.5r = 1.83 \cdot 10^{-12}$ gilt $\Delta^{14}C = 500\,\%\!o$.

Bemerkenswert ist die Tatsache, dass die aus einer anderen Quelle bekannten globalen Daten $\Delta^{14}C \approx 19\%$ und $\Delta^{14}C \approx 2\%$ aus den Jahren 1987 und 2017 praktisch mit den Werten der Grafik übereinstimmen.

Fazit: Es besteht kein Zweifel, dass der Anteil an CO$_2$ in der Atmosphäre vom Menschen verursacht wurde! Mehr Informationen dazu in [33].

3.2   CO$_2$-Konzentration über Hunderttausende von Jahren

Aus der Analyse von Eisbohrkernen kann die CO$_2$-Konzentration in der Atmosphäre auf Hunderttausende von Jahren zurückverfolgt werden. Hier ist eine von mehreren Grafiken aus [67]:

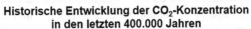

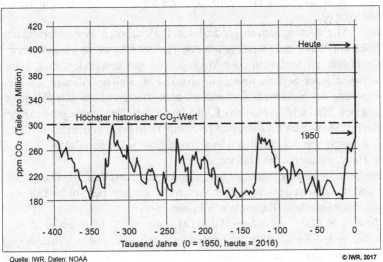

Sie zeigt den bedenklichen einmaligen Anstieg in jüngster Zeit in einem extrem kurzen Zeitintervall. Die Region rechts mit der Spitze ist als Keeling-Kurve (in Abschn. 2.1) gezoomt.

Die Argumentation, dass es ja schon immer Schwankungen gab ist sinnlos, da es sich um Zeitintervalle der Größenordnung von 100 000 Jahren handelt, im Gegensatz zu einem solchen der Länge von lediglich einigen Jahrzehnten!

Aussage von Prof. Dr. Reto Knutti, ETH Zürich, Mitglied des Intergovernmental Panel on Climate Change IPCC (Weltklimarat):[3]

„Die Klimaänderung entwickelt sich zu einer Klimakrise. Seit der Industrialisierung hat die Menschheit die CO$_2$-Konzentration in der Luft um 50 % erhöht. Vergleichbare Werte gehen auf mehrere Millionen Jahre zurück, lange bevor Menschen existierten."

---

[3] Aus *Neue Zürcher Zeitung NZZ*, 23. April 2021.

3.3   Paläoklimatologie

In der Paläoklimatologie wird das Klima im Verlaufe der Erdgeschichte aufgrund von geologischen Fakten und Modellrechnungen analysiert. Sogenannte *Proxy-Daten* werden gebraucht, um frühe Klimabedingungen zu rekonstruieren.

Beispiele von Proxy-Daten:

1. *Historische Dokumente* beinhalten umfassende Informationen über das Klima in der Vergangenheit.
2. *Korallen* bilden ihr hartes Skelett aus Kalziumkarbonat, einem Mineral aus dem Meerwasser. Das Karbonat enthält Sauerstoff-Isotope und Spurenmaterialien, welche zur Bestimmung der Temperatur des Meeres dienen, in dem die Koralle gewachsen ist.
3. *Pollen:* Alle Blütenpflanzen produzieren Pollenkörner. Ihre unterschiedlichen Formen können benutzt werden, um den Typ der Pflanze zu identifizieren. Weil Pollenkörner im Seeboden oder Meeresboden gut konserviert sind, dient eine Analyse in jeder Schicht dazu, um abzuklären, welche Pflanzen zur Zeit der Ablagerung des Sediments vorhanden waren. Basierend auf den Pflanzentypen lassen sich Rückschlüsse auf das Klima in der betreffenden Gegend machen.
4. *Eiskerne:* Sie weisen Einschlüsse von Staub, Luftblasen und Sauerstoff-Isotopen auf, abhängig von der jeweiligen Umgebung. Solche Daten reflektieren das Klima über Hunderttausende von Jahren.
5. *Baumringe:* Klimabedingungen beeinflussen ihre Abstände, die Dichte des Holzes und die Zusammensetzung der verschiedenen Isotope. Solche Daten reflektieren das Klima über Tausende von Jahren.
6. *Sedimente im Meer und in Seen:* Große Mengen von Sedimenten auf dem Grund von Meeren und Seen liefern Informationen über die Gegend in der Vergangenheit. Ausgebohrte Kerne der Sedimentschicht des Meeres- oder Seebodens enthalten winzige Fossilien und Chemikalien und erlauben weitere Interpretationen des früheren Klimas.

Analysen von Proxy-Daten ermöglichen ein ausgedehntes Verständnis des Klimas weit über den Zeitraum instrumenteller Aufzeichnungen hinaus.

Eine wissenschaftlich prominente Gegend befindet sich um den *Lake Crawford* herum mit einem Durchmesser von lediglich 200 m. Er liegt in der Nähe von Ontario:

- Die Pollen-Analyse erlaubt eine Rekonstruktion der Geschichte dieser Gegend über mehrere Hundert Jahre.
- Geochemische Untersuchungen der Sedimentskerne ermöglichen eine Rekonstruktion der CO_2-Belastung der Atmosphäre über einen Zeitraum von ungefähr 150 Jahren.

Das *Anthropozän* bezeichnet das jüngste, vom Menschen geprägte geologische Zeitalter. 2023 wurde sein Beginn auf das Jahr 1950 festgelegt.

Referenz: Bohrkerne der Sedimente des Lake Crawford.

Das folgende Diagramm mit verschiedenen Zukunfts-Szenarien wurde der Zeitschrift *Science* [58] entnommen:

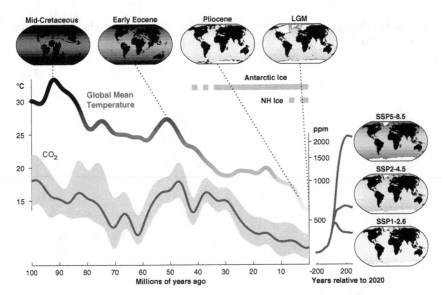

Es zeigt sowohl die globale mittlere Temperatur der Erdoberfläche als auch die CO_2-Konzentration über den vergangenen Zeitraum von 100 Mio. Jahren.

Die horizontalen blauen Linien markieren die Zeitspanne mit massiven Eismassen. LGM rechts oben steht für Last Glacier Maximum, SSP rechts steht für Shared Socioeconomic Pathway, NH für Northern Hemisphere.

Frühere Klimata waren höchst unterschiedlich vom heutigen Klima. Globale Temperaturen, Ausmaß an Polareis, Regionen von Tiefwasser-Formationen, Vegetationstypen, Muster von Niederschlägen, Verdunstungen und deren Variabilität waren über große Zeitspannen recht verschieden. Solche Unterschiede liefern unschätzbare Informationen, weil sie Nachweise geben, wie Klimaprozesse über Gebiete mit früheren CO_2-Konzentrationen assoziiert werden können mit zukünftigen Emissions-Szenarien.

Rechts befinden sich Kurven zu verschiedenen Szenarien für die kommenden 200 Jahre:

- Unter dem nachhaltigen SSP1-2.6-Szenario, in welchem Emissionen vermindert werden mit einer negativen Bilanz am Ende des 21. Jahrhunderts sollte die CO_2-Konzentration etwa der Zeitepoche des Pliozäns[4] entsprechen.

---

[4]Es handelt sich um den Zeitraum von 1.5 Mio. Jahren bis 5 Mio. Jahre vor heute.

- Das fossilintensive SSP5-8.5-Szenario würde die CO_2-Konzentration zu Werten der *Kreidezeit* führen, welche vor etwa 145 Mio. Jahren begann und vor etwa 66 Mio. Jahren endete.

Das Diagramm zeigt, dass die aktuelle CO_2-Belastung kleiner ist als in den vergangenen 100 Mio. Jahren. Mehr dazu findet sich in [44].

Kohlenstoffbudget für verschiedene Grenzwerte

4

Die Atmosphäre baut keine Schadstoffe ab. Sie akkumuliert ihre Ausstoßmengen, vergleichbar mit einem Flüssigkeitscontainer, in dem wiederholt Wasser hineingeschüttet wird.

4.1 Ziel und Modell

Es geht darum, für das Einhalten eines vorgegebenen Grenzwertes der globalen mittleren Temperaturerhöhung

- die maximal noch zulässige emittierte Menge an Kohlenstoff in die Atmosphäre zu berechnen, das sogenannte Kohlenstoffbudget;
- die Zeitdauer zu bestimmen, bis das Kohlenstoffbudget ausgeschöpft ist.

Dazu verwenden wir das folgende einfache Modell, das die Berechnung des globalen Kohlenstoffbudgets ermöglichen wird:

$$\Delta W = \Delta F - \Delta R \quad \text{(Leistung pro Quadratmeter)}.$$

- ΔW bezeichnet die Größe der durch die Erde (hauptsächlich durch die Ozeane) aufgenommenen Nettoleistung.
- $\Delta F = f \cdot \ln(\frac{c_\ell}{c_0})$ mit $f = 5.35 \frac{W}{m^2}$ bezeichnet den Strahlungsantrieb, verursacht durch den Anstieg der CO_2-Konzentration.
- ΔR bezeichnet die Größe der in die Atmosphäre reflektierten Leistung.

© Der/die Autor(en), exklusiv lizenziert an Springer-Verlag GmbH, DE, ein Teil von Springer Nature 2024
A. Fässler, *Menschheitsproblem Klimaänderung*,
https://doi.org/10.1007/978-3-662-68542-6_4

In erster Näherung sind ΔW und ΔR proportional zur Temperaturerhöhung ΔT:

$$\Delta W = \kappa \cdot \Delta T, \qquad \Delta R = \lambda \cdot \Delta T.$$

Eine Analyse der beobachteten Erwärmung mit Berücksichtigung der Wärmeaufnahme der Ozeane unter Verwendung von Klimamodellen liefert die Parameter

$$\kappa = 0.6 \pm 0.05 \, \frac{W}{m^2 K} \text{ und } \lambda = 1.4 \pm 0.05 \, \frac{W}{m^2 K}.$$

4.2   Budget für den Grenzwert von 1.5 Grad Celsius

Zuerst geht es darum, die CO_2-Konzentration $c_e = c_{1.5}$ für die international vereinbarte Temperaturerhöhung $\Delta T = 1.5\,°C$ zu berechnen:

$$\Delta F = \Delta W + \Delta R = f \cdot \ln\left(\frac{c_e}{c_0}\right) = (\kappa + \lambda) \cdot \Delta T.$$

Unter der Voraussetzung, dass die Nicht-CO_2-Strahlungsantriebe[1] für etwa $10\,\%$ der Temperaturerhöhung von $1.5\,°C$ verantwortlich sind, muss also in der Berechnung für $c_{1.5}$ der Wert $\Delta T = 1.35\,°C$ eingesetzt werden:

$$c_{1.5} = c_0 \cdot \exp\left(\frac{(\kappa + \lambda) \cdot 1.35}{f}\right) = 280 \cdot \exp\left(\frac{2.0 \cdot 1.35}{5.35}\right) = 464 \text{ ppm}. \quad (4.1)$$

Die Masse des CO_2-Moleküls ist gegenüber der Masse des Kohlenstoffatoms C um den Faktor

$$v = \frac{2 \cdot 16 + 12}{12} = 3.67$$

größer, denn die relative Atommasse beträgt 16 für das Sauerstoffatom O und 12 für das Kohlenstoffatom C.

In der Fortsetzung wird für 1 Gigatonne = 1 Mrd. Tonnen = 10^9 Tonnen die Kurzform 1 Gt verwendet.

Bekannt: Bei einer Zunahme des c_e-Wertes um 1 ppm steigt die reine Kohlenstoffmasse M in der Atmosphäre um 2.13 Gt C.

---

[1] Es geht dabei um weitere schädliche Stoffe, vorwiegend um Methan CH_4 (der Anteil verursacht durch Kühe beträgt etwa $30\,\%$, die Landwirtschaft ist insgesamt für etwa $45\,\%$ verantwortlich) und Lachgas N_2O. Es zeigt sich, dass dieselbe Menge von Methan etwa 24-mal und Lachgas 398-mal schädlicher ist als CO_2. Sie treten aber in bedeutend kleinerer Konzentration in der Atmosphäre auf als CO_2.

Kohlenstoffsenken im Ozean und in den Wäldern entfernten durchschnittlich etwa die Hälfte der emittierten Masse M_{em}. Damit verbleibt nur ca. die Hälfte der Emissionen in der Atmosphäre. Der atmosphärische Anteil wird mit f_{air} (airborne fraction) bezeichnet. Die Größe f_{air} blieb in den vergangenen Jahrzehnten ziemlich konstant bei 0,5.

Modellsimulationen zeigen aber, dass f_{air} mit zunehmender Temperaturerhöhung ΔT um etwa 5 % pro Grad Erwärmung ansteigt.

Zwischen der gesamten ausgestoßenen reinen Kohlenstoffmasse M_{em} und der in der Atmosphäre verbleibenden Kohlenstoffmasse M gilt somit die Beziehung

$$\frac{M}{M_{em}} = f_{air} = 0.5 + 0.05 \cdot \Delta T.$$

Für $\Delta T = 1.5\,°C$ mit $f_{air} = 0.575$ bedeutet dies, dass nahezu 60 % von M_{em} in der Atmosphäre bleibt und etwas mehr als 40 % durch die Ozeane und die Biosphäre aufgenommen wird.

Somit steigt durch die Erhöhung der Konzentration der Atmosphäre von c_0 auf $c_{1.5}$ die gesamte emittierte Masse $M_{em} = \frac{M}{f_{air}}$ an *reinem* Kohlenstoff in der Atmosphäre an auf

$$M_{em} = \frac{a \cdot (c_{1.5} - c_0)}{f_{air}} = \frac{2.13\,\text{GtC/ppm} \cdot (464 - 280)\,\text{ppm}}{0.575} = 681\,\text{Gt C}. \quad (4.2)$$

Soll der Grenzwert von $1.5\,°C$ eingehalten werden, so dürfen also höchstens noch 681 Gt C ausgestoßen werden.

Die folgende Grafik aus [34] zeigt die CO_2-Konzentration in parts per million (ppm, verlängerte blaue Keeling-Kurve) und den jährlichen CO_2-Ausstoß in Gt (schwarze Kurve):

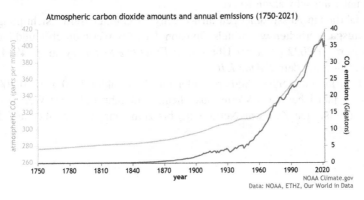

Atmospheric carbon dioxide amounts and annual emissions (1750-2021)

Im Jahr 2022 betrug der CO_2-Ausstoß 36.8 Gt und war damit praktisch gleich groß wie 2021 mit 37.1 Gt.

Die numerische Werte ab dem Jahr 1960 wurden aus [57] entnommen und die kleineren vor 1960 wurden aus der obigen Grafik geschätzt. Für das Jahr 2022 wurde der bekannte Wert von 36.8 Gt CO_2 verwendet. Ihre grafische Darstellung:

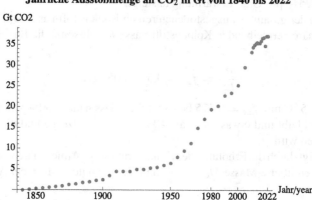

Jährliche Ausstoßmenge an CO_2 in Gt von 1840 bis 2022

Die emittierte CO_2-Masse im Coronajahr 2020 betrug 34.8 Gt CO_2, in den Jahren 2019 und 2018 waren es 36.7 Gt CO_2. Die Pandemie hat also lediglich zu einer Reduktion von etwa 5 % im Coronajahr 2020 gegenüber dem Vorjahr beigetragen!

Die ausgestoßene Gesamtmasse an CO_2 im Zeitintervall von 1840 bis 2022 über die Dauer von 182 Jahren ist gleich der Summe aller jährlichen Ausstoßwerte und beträgt 1870 **Gt CO_2** mit dem jährlichen **Mittelwert von 10.3 Gt CO_2**.

Grafische Integration zur Kontrolle: Das Rechteck mit der Höhe 10.3 Gt CO_2 über dem Zeitintervall von 1840 bis 2022 weist denselben Flächeninhalt auf wie die Fläche unter der schwarzen Kurve.

Die jährlichen Ausstoßmengen an Kohlenstoff C unter Berücksichtigung **aller Treibhausgase** erhalten wir mittels Division der CO_2-Werte durch v und laut [22] vom November 2022 unter der Überschrift *Executive Summary* auf p. 4814 durch Multiplikation mit dem *Faktor 1.10*.

Laufend kumulierendes Addieren aller mit dem Faktor $1.10/v = 0.300$ multiplizierten jährlichen CO_2-Werte, ausgehend vom Jahr 1840 mit Wert 0 (in der vorindustrialisierten Zeit war Netto-Null) bis zum Jahr 2022 ergibt die folgende Grafik:

Akkumulierte Kohlenstoff-Äquivalente (mit allen Treibhausgasen)

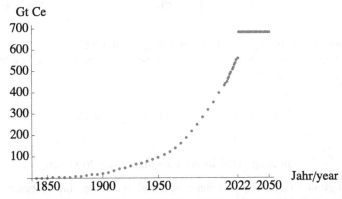

Die obere Horizontale von 2022 bis 2050 markiert die maximal
zulässige Ausstoßmenge für das Klimaziel von 1.5 Grad.

Die **Gesamtmenge an Kohlenstoff unter Berücksichtigung aller Treibhausgase
in der Atmosphäre betrug somit Ende 2022 total $0.300 \cdot 1870 = 560$ Gt Ce.**

Das Symbol **Ce** wird als Abkürzung für **Carbon equivalent** (Kohlenstoff-
Äquivalent) verwendet. Damit verbleibt mit (4.2) ein Budget von

$$\Delta M_{em} = (681 - 560)\ \text{Gt} = 121\ \text{Gt Ce}.$$

Wird für die Zukunft mit einem konstanten anthropogenen[2] jährlichen Kohlenstoff-
ausstoß von

$$1.1 \cdot \frac{37.1\ \text{Gt CO}_2}{v} = 11.1\ \text{Gt Ce}$$

gerechnet, so verbleiben gerade einmal 11 Jahre, bis das Budget ausgeschöpft ist.
**Danach müsste aber schlagartig Netto-Null realisiert werden, was zweifellos
unrealistisch ist!**

4.3 Budgets für verschiedene Grenzwerte und Sicherheiten

Wir betrachten vorerst den Grenzwert von 2.0 °C. Unter der Voraussetzung, dass die
Nicht-CO$_2$-Strahlungsantriebe in diesem Fall für etwa 20 % der Temperaturerhöhung
von 2.0 °C verantwortlich sind, muss in der Berechnung (4.1) für $c_{2.0}$ der Wert
$\Delta T = 1.60$ °C eingesetzt werden:

---

[2]durch menschliche Aktivitäten verursacht.

$$c_{2.0} = c_0 \cdot \exp\left(\frac{(\kappa + \lambda) \cdot 1.60}{f}\right) = 280 \cdot \exp\left(\frac{2.0 \cdot 1.60}{5.35}\right) = 509 \text{ ppm.} \qquad (4.3)$$

Die analoge Rechnung mit (4.2) ergibt $M_{em} = 848$ Gt Ce.

Nach Subtraktion der bereits berechneten ausgestoßenen Menge von 560 Gt Ce bis 2022 resultiert das Budget

$$\Delta M_{em} = (848 - 560) \text{ Gt Ce} = 288 \text{ Gt Ce}$$

mit einer verbleibenden Zeitdauer von 26 Jahren.

Die zugrunde liegenden Parameter in der Berechnung sind so bemessen, dass die Wahrscheinlichkeit (Sicherheit) für eine effektive Temperaturerhöhung unter der jeweiligen Temperaturerhöhung etwa 50 % beträgt.

Für die höhere Sicherheit von ca. 67 % muss in (4.3) mit dem kleineren Wert für $\kappa + \lambda = 1.8 \frac{\text{W}}{\text{m}^2}\text{K}$ gerechnet werden, was einen kleineren c_e-Wert ergibt.

Die analoge Fortsetzung der Rechnung ergibt das Budget
$$\Delta M_{em} = (741 - 560) \text{ Gt Ce} = 181 \text{ Gt Ce}$$
mit einer verbleibenden Zeitdauer von 16 Jahren.

Übersicht Ce-Budgets und Anzahl verbleibender Jahre ab 2023:

Temperaturerhöhung	Sicherheit 50 %	Sicherheit 67 %
1.5 °C	121 Gt Ce, 11 Jahre	36.5 Gt Ce, 3.5 Jahre
2.0 °C	288 Gt Ce, 26 Jahre	181 Gt Ce, 16 Jahre

Grundsätzlich ist festzuhalten, dass die Modellrechnungen erhebliche prozentuale Abweichungen in der Größenordnung von bis zu etwa 30 % aufweisen. Beispielsweise steht die Parametersumme $\lambda + \kappa = 2.0 \pm 0.07$ für die Berechnung von $c_{1.5}$ in (4.1) im Exponenten und liefert Budget-Werte zwischen 88 Gt C und 151 Gt C.

Ein Vergleich aus [22] mit den

C-Budgets von IPCC vom November 2022

Temperaturerhöhung	Sicherheit 50 %	Jahre
1.5 °C	105 Gt Ce	9
1.7 °C	200 Gt Ce	18
2.0 °C	335 Gt Ce	30

bestätigt eine akzeptable Übereinstimmung.

4.4   Szenarien mit prozentual abnehmenden Ausstoßmengen

Würde die Ausstoßmenge ausgehend vom Anfangswert $A_0 = 11.1$ Gt Ce für das Jahr 2023 jährlich um $p\%$ sinken, so ergäbe sich nach n Jahren inklusive dem Jahr 2023 eine totale Ausstoßmenge von

$$A_n = A_0(1 + m + m^2 + m^3 + \dots m^n) \quad \text{mit} \quad m = 1 - \frac{p}{100}$$

Es handelt sich um eine *geometrische Summe* (siehe Anhang) mit dem

$$\text{Grenzwert } A_\infty = \frac{A_0}{1 - m} \quad \text{und} \quad p = 100 \cdot \frac{A_0}{A_\infty}.$$

Beispiel 4.1 Der maximale Temperaturanstieg sei $1.5\,°C$. Mit $A_0 = 11.1$ Gt Ce und dem zur Sicherheit von 67% gehörigen Budget von $A_\infty = 36.5$ Gt Ce resultiert $\frac{p}{100} = 30.4\%$.

Hier ist die Grafik der mit $m = 1 - 0.304 = 0.696$ berechneten akkumulierten Werte A_n bis zum Jahre 2033:

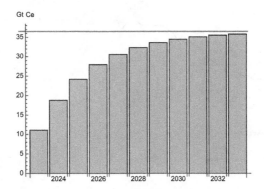

Das Budget wäre nach etwa 10 Jahren ausgeschöpft.

Das Realisieren einer jährlichen prozentualen Abnahme von über 30 % ist allerdings illusorisch! ◇

Beispiel 4.2 Der maximale Temperaturanstieg sei wieder $1.5\,°C$.

Mit $A_0 = 11.1$ Gt Ce und dem zur Sicherheit von 50% Budget gehörigen Budget von $A_\infty = 121$ Gt Ce resultiert $\frac{p}{100} = 9.2\%$.

Nach 40 Jahren wäre das Budget im Jahr 2063 mit der Summe $A_{40} = 118$ Gt nahezu ausgeschöpft.

Eine jährliche prozentuale Abnahme von 9.2% zu realisieren bleibt aber **eine massive Herausforderung!**

Bedenkenswerter Vergleich: Die prozentuale Reduktion des totalen Ce-Ausstoßes im Coronajahr 2020 gegenüber dem Vorjahr 2019 betrug lediglich 6 %. Und für die folgenden Jahre 2021 und 2022 verharrte der Wert wieder auf dem Niveau von 2019! ◇

4.5   Szenario mit linear abnehmendem Ausstoß

Wir betrachten den folgenden Text mit der anschließenden Grafik aus [43]:

„Sehr viel CO_2 wird in Zukunft aus der Luft entnommen werden müssen, um die Erderwärmung zu bremsen. Noch sind wir weit davon entfernt. In der zugehörigen Grafik ist aufgezeigt, wie der jährliche Schadstoff-Ausstoß abnehmen müsste, damit bis 2030 das Klimaziel von 1.5 ° C eingehalten würde."

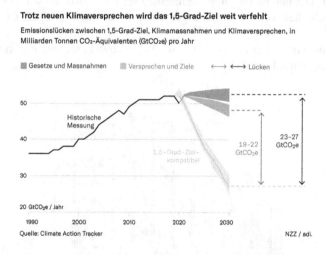

Trotz neuen Klimaversprechen wird das 1,5-Grad-Ziel weit verfehlt

Emissionslücken zwischen 1,5-Grad-Ziel, Klimamassnahmen und Klimaversprechen, in Milliarden Tonnen CO_2-Äquivalenten (GtCO₂e) pro Jahr

Quelle: Climate Action Tracker   NZZ / adi.

Hier wird ein Szenario mit einer etwa linearen Abnahme diskutiert, das mit den orange skizzierten aktuellen Versprechen und Zielen (dabei geht es vor allem um den Einkauf von Zertifikaten) **unvereinbar** ist, ganz zu schweigen von den pink markierten Gesetzen und Maßnahmen: Die beiden Lücken sind viel zu groß!

Die nächste Grafik aus [75] zeigt, dass ab 2010 der CO_2-Anteil (blaues und oranges Gebiet) 75 % aller Treibhausgase ausmacht. Die Menge an CO_2-Äquivalenten lag um einen Drittel höher als die Menge an CO_2. Somit resultieren für 2021 mit der Ausstoßmenge von 36.8 Gt CO_2 total 36.8 · 4/3 = 49.1 Gt CO_2e, was etwa dem Spitzenwert der schwarzen Kurve in der vorangehenden Grafik entspricht.

Global net anthropogenic emissions have continued to rise across all major groups of greenhouse gases.

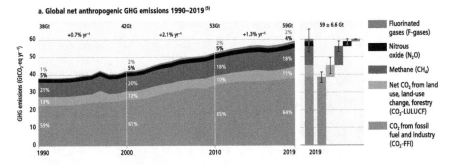

a. Global net anthropogenic GHG emissions 1990–2019 [5]

Unter der **Klimaneutralität** oder **Netto-Null** versteht man das Gleichgewicht zwischen der ausgestoßenen Menge der Treibhausgasemissionen und der Menge des Entzugs aus der Atmosphäre in Treibhausgassenken (etwa Ozeane und Wälder).

Um Netto-Null zu erreichen, sind menschengemachte Anstrengungen wie Aufforstung und entsprechende Technologien unabdingbar.

Der Präsident der Ecole Polytechnique Fédérale de Lausanne (EPFL), Professor Martin Vetterli, äußerte sich in einem Interview der NZZ vom 1. Juni 2023 folgendermaßen:

„Wenn wir es schaffen zum Mond oder zum Mars zu fliegen, können wir ja wohl auch Netto-Null erreichen! Es gibt Bereiche, wo die Dekarbonisierung schwierig ist, etwa bei der Herstellung von Aluminium, Stahl und Zement. Aber abgesehen davon sind für fast alle Bereiche der Wirtschaft emissionsarme Technologien verfügbar."

Ursachen der Erderwärmung

5

Generell liegt die Hauptursache der Erderwärmung im Verwenden großer Mengen fossiler Brennstoffe (Kohle, Erdgas, Erdöl und Torf) für den Energiebedarf der Menschheit.

Aus [57]: Im Jahr 2021 wurden 81 % des globalen CO_2-Ausstoßes durch die G20-Staaten (darunter China und Indien) mit 62 % der Weltbevölkerung verursacht. Die größten Emittenten bezogen auf den globalen Gesamtausstoß waren:

- China mit einer Population von 1.4 Mrd. Menschen mit 31 %.
- USA mit einer Population von 330 Mio. mit 14 %.
- Indien mit einer Population von 1.4 Mrd. Menschen mit 7 %.

5.1 Unterschiedliche Verursacher

1. Für die Menge der **CO_2e-Schadstoffemissionen pro Kopf** im Jahr 2021 für Indien (I), Schweden (S), China (C), Deutschland (D), USA (U), Qatar (Q) gelten etwa die Proportionen[1]

$$Q : U : D : C : S : I = 14 : 6 : 4 : 3 : 2 : 1.$$

2. Für den **Energieverbrauch pro Kopf** im 2021 gelten etwa die Proportionen

$$Q : U : D : C : S : I = 44 : 14 : 7 : 5 : 11 : 1.$$

---

[1] Aus: *Die Klimadebatte krankt an Wirklichkeitsverleugnung,* von Toni Stadler in der Neuen Zürcher Zeitung NZZ vom 12. November 2021.

© Der/die Autor(en), exklusiv lizenziert an Springer-Verlag GmbH, DE, ein Teil von Springer Nature 2024
A. Fässler, *Menschheitsproblem Klimaänderung*,
https://doi.org/10.1007/978-3-662-68542-6_5

D und S vertauschen die Plätze in den beiden Proportionen: Eine doppelt so hohe
CO_2-Belastung von D gegenüber S, aber nur knapp 2/3 des Energiebedarfs in D
gegenüber S. Deutschlands Produktion mittels fossiler Brennstoffe einerseits und
der Heizaufwand im hohen Norden andererseits reflektieren dies.

3. **CO_2-Ausstoß nach Sektoren:**
   Verkehr ohne internationale Flug- und Schifffahrten (V), Gebäude (G), Energie
   (E), Industrie (I), Landwirtschaft (L), Abfallwirtschaft (A). Die Zahlen sind Pro-
   zentangaben, bezogen auf 2019/2020:[2]

   - **Global:** E+V+G 74, L 13, I 10, A 3 für 2019.
   - **EU:** E+V+G 77, L 11, I 9, A 3 für 2019.
   - **Deutschland:** E 30, I 24.5, G 16.5, V 20, L 9 für 2020.
   - **Schweiz:** V 31, I 24, G 26, L+A 20 für 2022.
     Der aktuelle totale Ausstoß beträgt ohne internationalen Flug- und Schiffs-
     verkehr 43.4 Mio. t CO_2e. Dies entspricht einem Treibhausgasausstoß von 5 t
     CO_2e pro Kopf. Addiert man die durch Importgüter im Ausland verursachten
     Emissionen hinzu, beläuft sich das Total der jährlichen Pro-Kopf-Emissionen
     auf ca. 13 t CO_2e. Damit liegt der sogenannte Treibhausgas-Fußabdruck der
     Schweiz deutlich über dem weltweiten Durchschnitt von ca. 4 t CO_2e pro
     Person.
   - **Österreich:** E+I 45, V 30, G 10, L 11, A 3 für 2022.

4. Laut [57] verursachte die globale **Zementproduktion** 2022 etwa 4.1 Gt CO_2 und
   ist damit für 8 % des globalen CO_2-Ausstoßes verantwortlich. Im Jahre 1995 lag
   er noch bei 1.2 Gt CO_2! Der Grund liegt im globalen Bauboom im Zusammenhang
   mit einer wachsenden Weltbevölkerung und einer zunehmenden Urbanisierung.
   Pro Tonne Zement werden ca. 110 kWh Strom benötigt, so viel wie etwa ein
   3-Personen-Haushalt innerhalb von zwei Wochen verbraucht.
   Es gibt Bestrebungen mit einer sogenannten CO_2-Abscheidungstechnologie die
   CO_2-Emissionen zu senken.

5. Der globale Anteil der Klimawirkung des **Luftverkehrs** setzt sich aus direkten
   CO_2-Emissionen sowie Stickoxide und Wasserdampf in hohen Schichten zusam-
   men. Der IPCC schätzt die gesamte globale Klimawirkung aktuell auf 4.9 %.
   Andere Quellen geben Werte zwischen 3 % und 7 % an.

6. Der Anteil der Treibhausgasbelastung der **Hochseeschifffahrt** betrug 2018 gemäß
   Wikipedia etwa 2.9 %.

7. Die **Aluminium**-Produktion ist einer der energieintensivsten industriellen Prozesse. Für die Herstellung einer Tonne werden 15 MWh = 15 000 kWh elektrische Energie benötigt, so viel wie ein 2-Pesonen-Haushalt in 5 Jahren verbraucht.
   Durchschnittlich stecken 150 kg Aluminium in einem Pkw.
   Daten zur Schweiz: 2021 betrug die Exportmenge von Aluminium 73 000 t, die

---

[2]Quelle für die Schweiz: Bundesamt für Umwelt BAFU, für Österreich: Umweltbundesamt, für
alle andern: goclimate.de.

Importmenge 288 000 t. Allein für die Produktion der Importmenge würden also 4300 GWh benötigt. Das ist mehr als der gesamte Strombedarf der Schweizerischen Bundesbahnen SBB in einem Jahr mit 3063 GWh. Ein mittelgroßes AKW (wie beispielsweise dasjenige in Gösgen in der Schweiz) liefert etwa eine Nettoleistung von 1 GW $= 10^9$ W und müsste für die Produktion der Importmenge während eines halben Jahres (24 h/Tag) Energie liefern.

8. In den ersten 7 Monaten hat der **Krieg in der Ukraine** 100 Mio. t CO_2 ausgestoßen, hochgerechnet auf ein Jahr also 171 Mio. t CO_2. Dies entspricht etwa 0.5 % des jährlichen Ausstoßes von 37.1 Gt CO_2.

5.2   Weltbevölkerung, Energie-, Wasser- und Nahrungsbedarf

Im November 2022 hat die Weltbevölkerung die Größe von 8 Mrd. überschritten. Bis 2050 könnten es nahezu 10 Mrd. sein. Acht Länder sind für die Hälfte des Bevölkerungswachstums verantwortlich: fünf afrikanische und drei asiatische.

Im Jahre 2050 werden laut UNO-Prognose etwa 40 % aller Neugeborenen afrikanische Babys sein und Nigeria wird mit 450 Mio. Einwohnern das drittbevölkerungsreichste Land der Welt werden mit der Population der gesamten EU im 2023. Gemäß dem nigerianischen Statistikamt leben aktuell 2/3 der Bevölkerung in Armut.

Über die letzten 70 Jahre hinweg hat sich die Weltbevölkerung verdreifacht.

Die Fertilitätsrate (Geburtsrate) ist ein in der Demografie verwendetes Maß, das angibt, wie viele Kinder eine Frau durchschnittlich im Laufe des Lebens hat.

Einige Fertilitätsraten für 2022 gemäß *World Population Prospects* (WPP):

- global 2.4 Kinder
- Afrika 4.3 Kinder
- Asien 1.9 Kinder
- Indien 2.0 Kinder
- Nordamerika 1.6 Kinder
- Europa 1.5 Kinder

Eine Rate kleiner als 2.0 bedeutet auf Dauer, dass die Bevölkerung schrumpft. Wie stark sie jedoch vorerst noch ansteigt, hängt von ihrer Altersstruktur und der wachsenden Lebenserwartung ab.

WPP prognostiziert für China für das Jahr 2023 nur noch den Wert 1.31.

Obwohl auch für Indien eine sinkende Rate prognostiziert wird (1.91 für das Jahr 2030 und 1.8 für das Jahr 2040), so steigt die Bevölkerungszahl noch längere Zeit an, weil das Durchschnittsalter mit 27.9 Jahren das tiefste von allen Industrie- und Schwellenländern ist.

Prognosen für Indien aus [55]:

Im Jahre 1960 betrug die indische Population 451 Mio.

Jahr	Population von Indien
2023	1427 Mio.
2030	1514 Mio.
2040	1612 Mio.
2050	1670 Mio.

Die folgende Grafik vergleicht Afrika mit Europa. Daraus ist ersichtlich, dass sich die gesamte Bevölkerung Afrikas in den nächsten 30 Jahren nahezu verdoppeln wird.

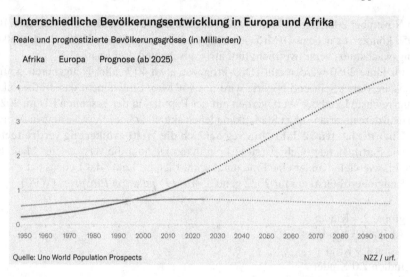

Unterschiedliche Bevölkerungsentwicklung in Europa und Afrika

Reale und prognostizierte Bevölkerungsgrösse (in Milliarden)

Afrika   Europa   Prognose (ab 2025)

Quelle: Uno World Population Prospects   NZZ / urf.

Die Fachzeitschrift *The Lancet* machte unter dem Titel *Weltbevölkerung wird bei weiter fallenden Geburtenraten drastisch abnehmen* folgende Aussagen:

„Experten erwarten, dass die Zahl der Menschen auf dem Planeten im Jahr 2064 mit etwa 9,7 Mrd. maximal groß sein wird, bevor sie bis zum Ende des Jahrhunderts auf 8,8 Mrd. sinkt."

Aus [53], [54] und [56]:

Bevölkerungsdichten in Anzahl Einwohner pro km^2

Kontinent	Jahr 2020	Prognose Jahr 2100
Asien	149	149
Afrika	47	133
Europa	34	27
Südamerika u. Karibik	32	32

Unter den bevölkerungsärmsten Gebieten figurieren Australien und Kanada mit weniger als 4 Personen/km^2 und Russland mit 9 Personen/km^2

Land	Jahr 2022	Prognose Jahr 2050
Indien	473	562
China	149	137
USA	37	37

Sowohl das Wachstum der Erdbevölkerung als auch ein höherer Lebensstandard mit einem wachsenden Konsum von Lebensmitteln und Gütern erhöhen den Energiebedarf zukünftig massiv.
Zu den Gütern zählt auch die unsägliche **Müllproduktion:**[3]
  Es gibt in den Ozeanen 5 Plastikinseln. Die eine davon, das Great Pacific Garbage Pad (GPGP) zwischen Hawaii und Kalifornien, umfasst eine Fläche von 1.6 Mio. km^2, was der 4.5-fachen Fläche Deutschlands entspricht.

  Die Meeresschutzorganisation *Oceana* schätzt, dass weltweit stündlich 675 t Müll direkt ins Meer geworfen werden, die Hälfte davon Plastik. Auch ein gigantisches ökologisches Problem!

  Bisher haben mehr als 500 Mio. Menschen in Afrika keinen elektrischen Strom. In den kommenden Jahren könnten dort mehr als 20 neue Kohlekraftwerke mit einer Leistung von etwa 47 GW in Betrieb gehen, um den wachsenden Energiebedarf zu decken. In Asien sieht es ähnlich aus!

  Es ist aber dringend notwendig, Kohle- und Gaskraftwerke herunterzufahren und sie durch fossilfreie Energieerzeuger zu ersetzen und auszubauen. Die Menschheit hat keine andere Wahl, will man den Planeten für zukünftige Generationen bewahren!

  Bei der weltweiten Energieproduktion im Jahre 2019 dominierten die fossilen Brennstoffe mit einem Anteil von 81 %.

  Eine zukunftsträchtige robuste Technik für **Heizungen** bietet die *Erdwärme,* die in riesigen Mengen unter der Erdoberfläche zur Verfügung steht.

  Solaranlagen und *Wärmepumpen* sind weitere Alternativen zur Vermeidung fossiler Brennstoffe.

  Immer mehr Haushalte steigen auf *Holz* als nachhaltiger Brennstoff in Form von Scheitholz, Hackschnitzeln und Pellets um. Das Verbrennen ist jedoch mit *Feinstaubemissionen* verbunden – selbst bei modernen Kleinfeuerungsanlagen, die den jüngsten gesetzlichen Vorgaben entsprechen.[4]

---

[3]Der tschechische Schriftsteller Ivan Klima hat mit seinem Buch [31] *Liebe und Müll* aus dem Jahr 1991 Furore gemacht mit der düsteren Prognose: „Weil nichts von der Oberfläche des Planeten verschwindet, werden uns die Folgen unserer Taten eines Tages begraben."
[4]Dies verdeutlicht eine Reihe von Feldstudien des Max-Planck-Instituts für Chemie im Jahre 2021: Einfache Anlagen, wie etwa private Holzöfen, führten zu einer messbaren Erhöhung der Feinstaubkonzentration in ihrem Umfeld und gefährden damit die Gesundheit. Bei größeren kommunalen Anlagen, die neben einer geregelten vollständigen Verbrennung über ein effizientes Abgasreinigungssystem und einen hohen Kamin verfügen, konnte hingegen kein nachweisbarer Einfluss auf die lokale Luftqualität gemessen werden.

Die Nachfrage nach **Klimaanlagen** zur Kühlung von Räumen wird in heißen Ländern bedeutend ansteigen. „Sie ist so legitim wie der Anspruch auf das Heizen in kalten Regionen."[5]

Die **Ernährungsproblematik muss neu gedacht werden:** Höhere Fleischproduktion und Überfischung belasten die Natur und benötigen mehr Energie.

Aus dem *Bericht der Arbeitsgruppe II des Weltklimarats IPCC von 2023:*

„Die Produktivität der Landwirtschaft in Afrika ist seit 1961 um 34 % gesunken, verursacht durch extreme Trockenzeiten.

Das drastische Abschmelzen der Gletscher hat im Himalaya-Gebiet große Auswirkungen auf den Wasserhaushalt: Der Ganges und vor allem der Indus werden durch Schmelzwasser gespeist. Das Wasser der schwindenden Gletscher fehlt als Folge für die Landwirtschaft und die Stromproduktion.

Wegen Versauerung und Abnahme von Sauerstoff im Ozeane werden verschiedene Fischarten aussterben. Bis 2100 wird prognostiziert, dass der Fischfang in Afrika etwa um 40 % zurückgehen wird, selbst unter Einhaltung einer Temperaturerhöhung von 1.6 °C."

Ein weiteres gravierendes Problem ist der **Wasserhaushalt der Erde.** Typische Konsequenzen des Klimawandels auf ihn sind Erwärmung und Versauerung der Weltmeere (mit Konsequenzen für die marinen Ökosysteme), der Anstieg des Meeresspiegels, der Rückgang von Gletschern, polaren Eisschilden, arktischem Meereis und der Schneebedeckung in der Nordhemisphäre sowie das Auftauen von Permafrost.

Wenige Wetterextreme richten große soziale und ökonomische Schäden an. Laut dem *Sechsten Sachbericht (AR6) des IPCC von 2022* treten sie immer häufiger auf, sind schwerwiegender und betreffen immer mehr Regionen der Welt.

Fehlende oder weniger häufige Niederschläge, erhöhte Verdunstung und verringerte Bodenfeuchtigkeit sowie erhöhter Abfluss verursachen vermehrt Dürren.

Schon im Jahr 2030 wird gemäß dem *World Water Report* der Vereinten Nationen fast die Hälfte der Weltbevölkerung in Regionen leben, die kaum Zugang zu Trinkwasser haben. Die Lebensgrundlage Wasser birgt die Gefahr von Konflikten, welche durch das Wachstum der Weltbevölkerung verschärft werden. Zudem steigt das Risiko für Ernährungskrisen.

5.3   Mobilität

J. Stackmann[6] äußerte sich in der NZZ vom 24. September 2022 folgendermaßen:

„Der öffentliche Personenverkehr muss ausgebaut werden. Keine Frage. Gleichzeitig sollte sich die Nutzung des Pkw ändern.

---

[5] Aussage von Toni Stadler, einem Kolonialhistoriker, Entwicklungspraktiker und Publizisten, mit 25 Jahre im Internationalen Dienst in Asien und Afrika, für das Internationale Rote Kreuz, die UNO und als Schweizer Delegierter bei der OECD.

[6] Direktor des Future Mobility Lab des Instituts für Mobilität an der Universität St. Gallen. Managing Direktor für Vertrieb und Marketing von verschiedenen Autofirmen, zuletzt bei VW bis 2020.

Zurzeit stehen Autos, vor allem, durchschnittlich 23 h pro Tag. In der einen Stunde werden sie meist nur von einer Person genutzt. Millionen Autos zu produzieren, damit sie die meiste Zeit nur im Weg herumstehen, das passt überhaupt nicht zu einem Weltbild von Ressourcennachhaltigkeit.

Das Auto gibt nur dann einen Sinn, wenn sein Nutzen geteilt wird. Wir sehen den goldenen Weg für den Feinverteiler in autonom fahrenden Kleinbussen für sechs bis acht Personen. Wenn es solche Angebote von Unternehmen gibt, haben Privatleute keinen Bedarf mehr, sich ein Auto zu kaufen."

Gemäß *Statista* wurden weltweit in den vergangenen 16 Jahren von 2007 bis 2022 insgesamt 1.35 Mrd. Fahrzeuge produziert (davon ca. 70 % Pkw und 30 % Nutzfahrzeuge). Unter der Annahme, dass die mittlere globale Lebensdauer eines Vehikels ungefähr 16 Jahre beträgt (in Deutschland etwa 12 Jahre), lag also der weltweite Fahrzeugbestand 2022 bei 1.35 Mrd. In Beijing waren es über 6 Mio.

Würde sich die globale Fahrzeugdichte längerfristig auf etwa 500 Fahrzeuge pro 1000 Personen belaufen (USA: 800 Autos auf 1000 Personen), so wäre der Planet eines Tages mit einer Blechlawine von 4 Mrd. Vehikeln belastet. Gemäß [32] wird bis 2030 mit 2 Mrd. gerechnet.

Es ist zu hoffen, dass solche Szenarien nicht eintreten werden. Schon längst sind ja die Verkehrssituationen in den großen Städten äußerst bedenklich:

Der Straßenverkehr im Stadtzentrum von Delhi bewegt sich in einem guten Schritttempo. Dazu kommt die Schadstoffbelastung der Luft in einem Ausmaß, die längst toxisch ist. Eindrückliche Bilder von Verkehrszusammenbrüchen in Dhaka, Karachi, Lagos und Kathmandu finden sich in [32] auf den Seiten 346 und 347.

Das heutige System Auto hat sich wegen der viel zu großen Anzahl – vor allem in Städten – ad Absurdum geführt.[7]

Außerdem fordert der Individualverkehr viele Opfer. In Deutschland gibt es jährlich etwa 2500 Verkehrstote. Im Vergleich dazu verursachte der Terroranschlag in New York 2977 Anschlagsopfer.

Des Weiteren beeinträchtigt der Verkehrslärm für Millionen von Erdbewohnern Lebensqualität und Gesundheit.

Mittlere Mengen an Schadstoffemissionen pro Person und Kilometer:

- Eisenbahn 29 g
- Auto mit einer Person 154 g
- Flugzeug 214 g

Im Güterverkehr weisen Lastwagen im Mittel eine 6-mal höhere Schadstoffbelastung pro Tonne auf als die Eisenbahn.

Autostraßen und Autobahnen brauchen viel mehr Kulturland als eine Eisenbahn.

---

[7]Statistisches Bundesamt von Deutschland: 2023 lebten weltweit geschätzte 4.6 Mrd. der insgesamt 8 Mrd. Menschen in Städten, was 57 % der Weltbevölkerung entspricht. Tendenz steigend.

Von der Rohstoffgewinnung bis zur Endmontage werden für ein Auto durchschnittlich 400 000 l Wasser, also etwa 400 t Wasser verbraucht.

Die Stiftung *MyClimate* mit Sitz in Zürich berechnet für einen Hin- und Rückflug Zürich-Shanghai eine Belastung von 3 t CO_2e, vergleichbar mit einer jährlichen Belastung eines Autos mit Fahrdistanz 12 000 km.

Kreuzfahrten verursachen hohe Kohlendioxidemissionen. Bei einer 7-tägigen Mittelmeerkreuzfahrt fallen pro Person rund 1.9 t CO_2e an.

Potentiale der Hochseeschifffahrt zur Verminderung des CO_2-Ausstoßes sind:

- Geschwindigkeiten reduzieren (es macht keinen Sinn, am Zielhafen tagelang zu warten, bis die Ladungen gelöscht werden),
- Optimierung der Verkehrsrouten,
- ökologischere Brennstoffe.

5.4   Abholzen von Wäldern

Die tropischen Regenwälder sind von entscheidender Bedeutung für das Klima.

Die *Food and Agriculture Organisation of the United Nations FAO* schätzt in ihrem Bericht *State of the Worlds Forests 2020,* dass es weltweit etwa 18.3 Mio. km^2 tropische Wälder gibt. Das entspricht ungefähr 12 % der Landfläche der Erde, welche 149 Mio. km^2 umfasst.

Um 1950 wurde geschätzt, dass 11 % der Landfläche mit tropischem Regenwald bedeckt war.

Die drei größten zusammenhängenden Regenwaldregionen mit einer Gesamtfläche von etwa 13.4 Mio. km^2 (9 % der Landfläche) sind:

- Der **Amazonas-Regenwald**. Er umfasst etwa 8 Mio. km^2, also 5 % der Landfläche der Erde (davon entfallen 5 Mio. km^2 auf Brasilien).
  Er weist eine überwältigende Artenvielfalt auf:
  Etwa 40 000 Pflanzen-, 427 Säugetier-, 13 000 Vogel- und 3000 Fischarten.
  Seit 1990 wurden über 400 000 km^2 Wald gerodet, was etwa der Fläche Frankreichs entspricht.
  Haupttreiber der Entwaldung sind: Rinderhaltung, Sojaanbau, Ernte von Tropenholz, Palmölplantagen, Holzplantagen zur Papierherstellung, Infrastrukturprojekte (etwa Staudämme und der Abbau von Rohstoffen wie Öl oder Gold).
- Der **Regenwald im Kongobecken** mit einer Fläche von 3 Mio. km^2 saugt mehr CO_2 auf als Afrika abgibt.
  Seine Artenvielfalt ist ebenfalls beeindruckend: 10 000 Pflanzen-, 700 Fisch- und 400 Säugetierarten.
  Die Demokratische Republik Kongo versteigert Regenwald und bedroht damit das Klima weltweit. Es geht um Millionen Hektar für Öl- und Gasförderung!
- **Regenwälder in Südostasien** nehmen eine Fläche von etwa 2.4 Mio. km^2 ein. Seit der Jahrtausendwende hat Indonesien wegen des Transformierens von Regenwald

in Palmöl-Plantagen 27 Mio. ha, also 270 000 km^2, an Waldfläche verloren. Das entspricht etwa 3/4 der Fläche Deutschlands.

Durch Rodung trocknen die wertvollen Torfböden aus, auf denen der Regenwald über viele Jahrhunderte lang gewachsen ist.

5.5 Methanausstoß

Gemäß der Internationalen Energieagentur ist Methan aktuell für rund 30 % des globalen Temperaturanstiegs verantwortlich. Ein Kilogramm Methan trägt 26-mal so stark zum Treibhauseffekt bei wie ein Kilogramm CO_2.

Methanemissionen 2017 (aus [68]):

- „Weltweit wurden ca. 8 Gt CO_2e in Form von Methan emittiert, das sind 17 % aller ausgestoßenen Treibhausgase.
- Etwa 43 % der Methan-Emissionen entfielen auf China (18.7 %), USA (8.1 %), Indien (6.3 %), Brasilien (5.1 %) und Russland (4.7 %).
- Rund 45 % aller Methanemissionen stammen aus der Landwirtschaft.
- Die energetische Nutzung beanspruchte 37 % aller Methanemissionen und die Abfallwirtschaft 18 %.

Im Jahre 1957 waren die globalen Methan-Emissionen noch halb so groß wie im Jahr 2017.“

Aus einem NZZ-Beitrag:[8]
„Rinder sind eine klimapolitische Herausforderung. Die Methan- und Lachgasemissionen machen 80 % aller Emissionen in der Landwirtschaft aus. In der EU sind es rund 10 % aller Treibhausgase. Maßnahmen in der EU zur Reduktion der Methan-Emissionen tun Not.“

Methan macht mehr als 90 % des Gases in den North Stream-Pipelines aus.
Aus [2]: Im Zusammenhang mit den vier Lecks in den Ostsee-Gaspipelines North Stream 1 und North Stream 2 betrugen die geschätzten entwichenen Methanmengen zwischen 56 000 und 155 000 t. Mit dem Faktor 26 versehen, liegen die Werte etwa zwischen 1.5 und 4 Mio. t CO_2e.

Zum Vergleich: Die Öl- und Gasindustrie generiert jährlich 82 Mio. t Methan durch flüchtige Emissionen, unvollständiges Abfackeln und Entlüftung, täglich also etwa 220 000 t.

Die Menge an gespeichertem Kohlenstoff im Boden ist riesig: etwa das Dreifache, was Wälder und Pflanzen aufnehmen. Sogar wenn nur ein kleiner Prozentsatz von Kohlenstoff durch die Erwärmung des Bodens in die Atmosphäre ausgestoßen wird, führt dies zu einer beachtlichen Mehrbelastung von Boden und Atmosphäre.

---

[8]Planet A der NZZ vom 8. Dezember 2022.

Gespeicherter Kohlenstoff in der Erde spielt eine entscheidende Rolle im natürlichen Kohlenstoff-Kreislauf der Erde zwischen Atmosphäre, Land und Ozean und
ist empfindlich auf Erhöhungen der CO_2-Konzentration in der Atmosphäre.

Eine höhere Bodentemperatur ermöglicht es den lebenden Mikroben, die mikro-
bielle Zerlegung von organischem Material zu beschleunigen. In [60] wird festgestellt, dass sich die Methan-Emissionen aus Feuchtgebieten in den vergangenen 20
Jahren etwa verdoppelt haben.

Auswirkungen auf Gletscher

6

Vorerst etwas Gletscher-Physik Genügend wiederkehrende Schneefälle und Kälte sind notwendige Voraussetzungen für die Bildung und Existenz von Gletschern. Der gefallene Schnee verdichtet sich um ein Mehrfaches zu Firn. Die Firnschichten erhöhen im Laufe der Zeit den Druck und verursachen teilweise Verflüssigungen und erneutes Gefrieren. Schließlich entsteht daraus Gletschereis mit einer Dichte von etwa $0.91\,\text{g/cm}^3$. Wegen kleiner Lufteinschlüsse ist dieser Wert etwas kleiner als bei kompaktem Eis mit der Dichte $0.917\,\text{g/cm}^3$.

Eis ist zwar inkompressibel, verhält sich aber unter hohem Druck, verursacht durch sein Gewicht, als zähflüssige Masse.

Die Fließgeschwindigkeit des Morteratschgletschers in der Schweiz mit einem Eisvolumen von $0.7\,\text{km}^3$ im Jahre 2022 betrug etwa 120 m/Jahr.

Der Jakobshavn-Gletscher in Grönland, 250 km nördlich des Polarkreises, weist mit 7 km/Jahr die größte jährliche Fließgeschwindigkeit auf. Er ist etwa 6 km breit und 40 km lang.

Das folgende Bild wurde von einem kleinen Eisbrecher für etwa 50 Touristen aus gemacht. Näher heran an die Gletscherzunge war wegen der kompakten Eisschicht nicht möglich.

© Der/die Autor(en), exklusiv lizenziert an Springer-Verlag GmbH, DE, ein Teil von Springer Nature 2024
A. Fässler, *Menschheitsproblem Klimaänderung*,
https://doi.org/10.1007/978-3-662-68542-6_6

Jakobshavn-Gletscher, Distanz ca. 2 km, Foto: A. Fässler 2015

Der vorgelagerte Ilulissat-Eisfjord ist voll von Eisbergen unterschiedlicher Größe, die durch das Kalben des Gletschers entstanden sind. Die großen unter ihnen sind vergleichbar mit Hochhäusern und sitzen fest auf Grund. Dabei ist immer zu bedenken, dass nur etwa 10 % eines Eisbergs sichtbar sind.

Jährlich handelt es sich um über 35 km^3 Eis, das in den Fjord fällt mit gigantischen Riesenbrocken bis zu einer Größe von 1.5 km^3, was etwa dem Volumen von 1500 Einfamilienhäusern entspricht!

Ein wichtiger Aspekt: Gletscher sind riesige Süßwasserspeicher.

Eisberg mit Moräne-Einschluss in der Bucht von Ilulissat, Foto: A. Fässler 2015

6.1 Arktis

Arktisches Meereis: Als gefrorenes Meerwasser ist es salzhaltig. Es bedeckt im Winter einen großen Teil des Nordpolarmeers rund um den Nordpol sowie nördliche Gebiete von Europa, Asien und Nordamerika, meist in Form von schwimmenden Eisplatten.

Aus [62]: Seine flächenmäßige Ausdehnung schwankt stark. Sie betrug 2022 am 1. März 14.7 Mio. km^2 und am 15. September 4.7 Mio. km^2.

Informationen zur Eisschmelze:

- Das mittlere jährliche Eisvolumen betrug 1984 insgesamt 20 000 km^3 und sank innert 34 Jahren bis 2018 auf die Hälfte, also 10 000 km^3.
- Zwischen Spitzbergen und dem Nordpol nahm die mittlere Eisdicke von 2.5 m im 1991 auf 1.95 m im Jahr 2001 ab, also um 22 %.
- Mitte September 2023 wird das Minimum der Flächenausdehnung erwartet.
  Der geografische Nordpol ist im Sommer immer wieder ab und zu kurz eisfrei. Ab wann der ganze Arktische Ozean im Sommer nahezu eisfrei wird, und zwar mehrere Jahre in Folge, hängt von verschiedenen Randbedingungen ab. Genau lässt sich das nicht sagen, aber ab Mitte dieses Jahrhunderts ist eine sehr plausible Schätzung.[1]

Bild mit arktischem Meereis:

Foto vom Jahr 2012: NSICDC/ Julienne Stroeve
Nicht nur die Fläche, auch die Dicke der Eisschollen hat abgenommen.

---

[1] Aussagen des Physikers Lars Kaleschke vom Alfred-Wegener-Institut für Polar- und Meeresforschung.

Das Abschmelzen des arktischen Meereises ist nicht nur eine Folge, sondern auch ein kritischer Faktor der Klimakrise:

Durch die Schneebedeckung reflektiert das Eis bis zu 90 % der Sonneneinstrahlung und kühlt mit seinem hohen Albedo die arktische Region.

Das Meer, das durch das schmelzende Eis freigegeben wird, reflektiert hingegen nur 10 % der Sonneneinstrahlung. Damit erwärmen sich die arktischen Gewässer stärker und das Eis schmilzt noch schneller. Eine bedrohliche positive Rückkoppelung ist die Konsequenz, welche den wetterbestimmenden Jetstream beeinflusst und damit die Klimastabilität gefährdet.

Die **Wassertemperaturen des arktischen Nordatlantiks** waren so hoch wie nie seit über 2000 Jahren. Mehr Informationen finden sich in [63] und [12].

Die mittlere **Erhöhung der Temperatur der Atmosphäre** betrug 4 °C gegenüber dem vorindustriellen Zeitalter und war damit nirgends in der restlichen Welt so hoch. Zum Vergleich nochmals die Daten für 2022: Laut IPCC betrug die mittlere globale Temperaturerhöhung 1.24 °C und diejenige über der Landfläche 1.54 °C.

Island-Eis: Im Jahr 2022 betrug sein Volumen 3500 km^3. Die isländische Insel weist eine Fläche von 103 000 km^2 auf.

Grönländischer Eisschild: Die folgenden Daten beziehen sich auf 2022.

Durchschnittliche Dicke 1.5 km, maximale Dicke 3.4 km, Fläche 1.7 Mio. km^2, Volumen 2.6 Mio. km^3 (9 % der gesamten globalen Eismenge).

Aus *Wiki.bildungsserver.de:*

„Der durchschnittliche Massenverlust in der Zeitspanne

- 1992–2018 betrug 148 Gt/Jahr (darunter das Rekordjahr 2012 mit 464 Gt).
- 2003–2016 betrug 255 Gt/Jahr.

Mit 532 Gt im Jahr 2019 wurde das Rekordjahr deutlich übertroffen!"

Fakten:

1. Im Norden Grönlands herrschten nach Angaben der dänischen Wetterbehörde DMI im Sommer 2021 Temperaturen von über 20 °C.
2. Laut [62] wurde im August 2021 auf der Höhe von 3210 m das erste Mal Regen festgestellt bei einer Temperatur von 0.5 °C. Sie lag damit 15 °C über dem langjährigen Mittel im August!
3. Der Erdradius R beträgt 6371 km, die Erdoberfläche $4\pi R^2 = 510$ Mio. km^2. Davon betreffen 71 % die Wasseroberfläche, also 362 Mio. km^2.
   Das vollständige Abschmelzen des Grönlandeises hätte einen Anstieg des Meeresspiegels[2] um $0.91 \cdot 2.6$ Mio. km^3 / 362 Mio. km$^2 \approx 6.5$ m zur Folge.

---

[2] 1 Gt = 10^9 t entspricht wegen der Eisdichte von 0.910 g/cm^3 etwa 1.10 km^3.

6.2 Antarktis

Der auf Land und Ozeanboden ruhende **Eisschild** umfasst um den Südpol eine Fläche von 11.9 Mio. km^2, ist maximal 4.9 km dick mit einer durchschnittlichen Dicke von 2.1 km. Er weist etwa dieselbe Fläche auf wie Europa.

Dazu kommt das schwimmende Eisschelf mit 1.6 Mio. km^2 mit einer Dicke von bis zu 1 km.

Das gigantische Volumen des Eisschilds betrug 2022 insgesamt 26.5 Mio. km^3, was etwa dem 10-fachen des grönländischen Eisschildes und nahezu 90 % der gesamten globalen Eismenge entspricht.

Im *6. Sachstandsbericht des IPCC von 2021* ist festgehalten, dass der antarktische Eisschild von 1992 bis 2020 rund 2670 Gt Eis verloren hat, also 2940 km^3. Damit hat er 8 mm zum Anstieg des globalen Meeresspiegels beigetragen.

Gemäß den Daten aus [46], ermittelt mit Hilfe von Satellitenbeobachtungen, betrug der mittlere jährliche Eisverlust

- 1979 – 1990 total (40 ± 9) Gt,
- 1999 – 2017 jedoch schon (166 ± 18) Gt!

Entgegen früherer Annahmen schmilzt auch die Ost-Antarktis mit dem Hochgebirge etwas. Der flache Westteil schmilzt rasant und immer schneller. Das Abschmelzen geschieht wegen der Erwärmung des Meeres von unten im Gegensatz zu den Alpengletschern, die an ihrer Oberfläche schmelzen.

Aus [8]: „Die Weltmeere waren wegen des von Menschen verursachten Treibhauseffektes im Jahr 2022 so warm wie noch nie seit Beginn der Messungen Ende der 1950er-Jahre. Die in den Ozeanen gespeicherte Energie bis zu 2 km Tiefe hat gegenüber dem Vorjahr 2021 um 11 $\pm$8 Zettajoule zugenommen (1 Zettajoule = 10^{21} Joules), das entspricht etwa der 100-fachen Menge an elektrischer Energie, die im Jahr 2022 weltweiten hergestellt wurde.“[3]

Aus [52]: „Die sogenannte *Zirkumpolarströmung,* eine riesige Ozeanströmung um die Antarktis, verursacht eine zusätzliche Erwärmung des Meerwassers. Sie beschleunigt sich und dringt aus dem Norden in den Süden ein. In weiten Teilen der Antarktis ist das noch kein größeres Problem, weil das warme Wasser des Zirkumpolarstroms vom Kontinentalschelf (das ist der seichte küstennahe Meeresboden) blockiert wird. Aber an einer Stelle hat das warme Wasser ein Schlupfloch gefunden, das größere Gefahren für die ganze Erde birgt: beim Thwaites-Gletscher[4] in der West-Antarktis.“

Aus [61]: Die sommerliche Schmelze des antarktischen Meereises stellte im Februar 2023 mit der Verkleinerung einer Fläche von etwa 18 Mio. km^2 um 2 Mio. km^2 (entspricht der halben Fläche der EU) einen Allzeitrekord auf.

---

[3]Die globale elektrische Energie, welche 2021 produziert wurde, betrug 30 235 TWh.
Mit 1 Tera = 10^{12} und 1 Ws = 1 J (Joule) beträgt sie 30 235 $\cdot 10^{12}$ W $\cdot 3600$ s $\approx 1.1 \cdot 10^{20}$ J
[4]1967 benannt nach dem Glaziologen Fredrik T. Thwaites.

6.3   Thwaites-Gletscher

Er liegt in der West-Antarktis. 2020 betrug seine Fläche $176\,000\,\text{km}^2$ (etwa halb so
groß wie Deutschland) mit einem gemäß *antarcticglaciers.org* geschätzten Volumen
von $(483\,000 \pm 6)\,\text{km}^3$. Sein Eis ist stellenweise so dick wie die Alpen hoch sind.

Sein Bett erreicht eine Meerestiefe von über 1 km. Der Thwaites-Gletscher hält
die erwähnte gigantische Menge von 26.5 Mio. km^3 des antarktischen Eisschildes
mit einer Dicke bis zu 4.9 km zurück.

An seiner Front besteht er aus einer schwimmenden Eisplatte, dem sogenannten
Eisschelf, der bis zu 1 km dick ist.

Bild aus Wikipedia[5] entnommen:

Zunge des Thwaites-Gletscher (160 km lang, 30 km breit)

Im Jahr 2002 brach ein Teil des Eisschelfs mit einer Länge von 85 km, einer Breite
von 64 km und einer Dicke von 200 m in die Amundsensee ab!

Die beiden Hauptursachen für das immer stärker werdende Kalben und den
beschleunigten Rückzug der Gletscherfront gegen das Festland sind:

I. Weite Teile das westantarktischen Eises liegen unter der Meeresoberfläche. Deshalb spricht man von einem **maritimen Eisschild.** Er wird unterspült von wär-
merem Wasser (die Temperatur liegt knapp über dem Gefrierpunkt) und schmilzt
deshalb von unten, da in der Antarktis eisige Temperaturen in der Atmosphäre
mit einer Durchschnittstemperatur von etwa −55 °C herrschen.

II. Der Meeresboden ist **retrograd** geneigt, das heißt er ist gegen das Landesinnere
abfallend (üblicherweise ist er ansteigend). Der Rückzug der Gletscherwand
entspricht dem Rückzug der sogenannten Grundlinie. Sie ist definiert als das

Gebiet, wo der maritime Eisschild (auch Inlandeis oder Festlandeis genannt), der auf festem Grund sitzt und sich teilweise im Wasser befindet, in das frei schwimmende Schelfeis übergeht. Es handelt sich um diejenige Linie, an der Gletschereis letztmals den Boden berührt und ab der es zu schwimmen beginnt.

Da die Gletscherwand durch den Rückzug (zurzeit etwa 2 km/Jahr) wegen der retrograden Neigung immer höher wird, stürzen in der Folge immer größere Eismassen ins Meer. Der Gletscher kalbt vermehrt und schmilzt immer rascher weg. Es handelt sich um einen sich verstärkenden Rückkoppelungsprozess.

Wenn der Gletscher auf einem Flächenstück den Bodenkontakt verliert und aufschwimmt, beschleunigt dies in den nächsten Jahrzehnten seine Fließgeschwindigkeit und damit sein Schmelzen. Man spricht in diesem Zusammenhang von einem **Kipppunkt.** Es droht eine Kettenreaktion in Gang zu kommen.

Grafik aus [4]:

Dazu gibt es ein informatives Video unter [59].

Der Thwaites-Gletscher wirkt wie ein Bremsklotz für den gigantische Festlandschild. Sein Abschmelzen hätte zur Folge, dass sich der Meeresspiegel um etwa

$$0.9 \cdot 483\,000 \text{ km}^3 / 362 \text{ Mio. km}^2 \approx 1.2 \text{ m}$$

anheben würde.[5]

---

[5]In *antarticglaciers.org* wurden 65 cm angegeben.

Bricht aber der Thwaites-Gletscher weg, so fließen nach und nach auch Teile des gigantische Festlandschilds ins Meer. Dies hätte gravierende Konsequenzen für viele Megacitys in Küstennähe. Die OECD warnte, dass das Fluten der Küstenregionen bis zum Jahr 2070 etwa 40 bis 150 Mio. Menschen betreffen könnte.

Würde der antarktische Eisschild mit dem Volumen von 26.5 Mio. km^3 total schmelzen, so ergäbe dies einen Meeresspiegelanstieg von nicht weniger als

$$0.9 \cdot 26.5 \text{ Mio.km}^3 / 361 \text{ Mio.km}^2 \approx 66 \text{ m}!$$

Nicht umsonst spricht man vom Thwaites-Gletscher auch vom *Weltuntergangsgletscher* oder *Gletscher des Jüngsten Gerichts (Doomsday Glacier)*.

Reichhaltige Informationen finden sich in [13]:

1. Zwischen 2006 und 2018 betrug der durchschnittliche Meeresanstieg etwa 3.7 mm/Jahr, im 20. Jahrhundert 1.5 mm/Jahr.
2. Gegenüber 1995–2014 beträgt der wahrscheinliche Meeresanstieg bis 2050 (1. Position) und 2100 (2. Position) für ein

   a. Szenario mit sehr niedrigen Treibhausgasemissionen (SSP1-1.9)
      0.28 bis 0.55 m bzw. 0.37 bis 0.86 m,
   b. Szenario mit niedrigen Treibhausgasemissionen (SSP1-2.6)
      0.32 bis 0.62 m bzw. 0.46 bis 0.99 m,
   c. Szenario mit mittleren Treibhausgasemissionen (SSP2-4.5)
      0.44 bis 0.76 m bzw. 0.66 bis 1.33 m,
   d. Szenario mit hohen Treibhausgasemissionen (SSP5-8.5)
      0.63 bis 1.01 m bzw. 0.98 bis 1.88 m.

   Im gesamten 19. Jahrhundert betrug der Anstieg des Meeres noch 2 cm.

3. Die Verlustrate der Eisschilde nahm zwischen den Zeitspannen 1992–1999 und 2010–2019 um das Vierfache zu.

Deutsches Klima-Konsortium: Selbst nach Netto-Null wird der Pegel für mehrere Jahrhunderte weiter ansteigen, was an der Trägheit des Klimasystems liegt. Unser heutiges Handeln hat also noch weit in die Zukunft Folgen.

Aus [74]: Die Eisschmelze könnte schon 2050 katastrophale Folgen für mehr als eine Milliarde Menschen in den Küstenregionen haben, prognostiziert der UN-Sonderbericht vom September 2019. Auf der ganzen Welt werden Menschen ihre Heimat aufgrund des steigenden Meeresspiegels verlassen müssen.

Aussage des Glaziologen Ted Scambos (University of Colorado):
   „Die Zukunft der Erde hängt von der Antarktis ab, nicht vom Mars."

Im Internet finden sich unter dem Stichwort Thwaites-Gletscher zahlreiche Dokumentationen und Bilder.

Bei einem im Jahre 2019 durchgeführten Forschungsexperiment mit dem Einsatz eines Unterwasser-Roboters mit Namen Rán gelang das folgende Bild (aus [51]) zur

Vermessung des Meeresbodens an der Spitze des Gletschers. Es zeigt eine äußerst regelmäßige Struktur von parallel verlaufenden Rippen im Abstand von 7 m.

Image credit: Ali Graham

Forscher haben mehr als 160 solcher Rippen entdeckt. Es stellt sich die Frage nach der Ursache dieser äußerst regelmäßigen Struktur. Die angegebene Vermutung, dass Ebbe und Flut dies verursacht haben könnten, ist aus meiner Sicht äußerst fragwürdig, wenn man das Gewicht des Gletschers betrachtet.

Eine zumindest teilweise Erklärung dazu liefert möglicherweise die interdisziplinäre Theorie der **Symmetrie-Brechung** (siehe [23] und [20]), auf die hier nicht eingegangen wird.

Gemäß der Studie [50] unter der Leitung von Britney Schmidt könnte das Schmelzen des Eises entlang von gefundenen Rissen im Eis und entlang der Rippen der Hauptauslöser für den Zusammenbruch des Schelfeises sein. Durch sie dringt warmes, salzhaltiges Meerwasser ein und vergrößert Risse und die Räume zwischen den Rippen.

6.4 Alle Gletscher außerhalb der Antarktis und der Arktis

In Tab. 1 von [21] wurden die 215 000 Gletscher mit ihrem Gesamtvolumen von 158 000 km^3 auch bezüglich geografischer Verteilung mit einem Computermodell ermittelt.

Die gewichtigsten prozentualen Volumenanteile an Eis sind (in Klammern die Anzahl der Gletscher):

- 38.1 % (2750): Antarktis und Subantarktis (ohne antarktischen Eisschild)
- 11.3 % (19 300): Periphere von Grönland
- 9.5 % (1070): Russische Arktis
- 6.6 % (12 000): Kanadische Arktis (Nord und Süd)

- 5.4 % (27 100): Alaska
- 4.1 % (1600): Spitzbergen (Svalbard)

Mit einem totalen Anteil von 75 %.

Dagegen ist 2022 der Anteil des geschätzten Gesamtvolumens der Gletscher in der Schweiz mit 50 km^3 und einer Fläche von 960 km^2 verschwindend klein.

1999 betrug das Volumen noch 74 km^3 und die Menge aller alpinen Gletscher wurde auf 80 km^3 geschätzt.

Laut dem Erdbeobachtungsprogramm *Copernicus* der Europäischen Union EU ist 2022 in den europäischen Alpen mit über 5 km^3 noch nie so viel Gletschereis geschmolzen wie zuvor. Das Volumen entspricht demjenigen eines Würfels der Kantenlänge 1.7 km mit einer fünffachen Höhe des Eiffelturms!

Laut [39] betrug der Verlust des Gesamtvolumens von V=158 000 km^3 an Eis etwa 293 km^3/Jahr.

In der Zeitschrift *Science vom Januar 2023* [49] werden globale Prognosen über alle Gletscher weltweit bis 2100 gemacht:

- Sogar unter Einhaltung des Klimaziels mit einer durchschnittlichen Erwärmung von 1.5 Grad würden sie 26 ± 6 % ihrer Masse verlieren, was einem Anstieg der Meere um 90± 26 mm entspricht.
  Eine Bestätigung gibt folgende Rechnung:
  A = Meeresoberfläche = 362 Mio. km^2 und V = 158 000 km^3. Dann ist
  $0.26 \cdot V / A$ die mittlere Dicke der Eisschicht. Da Wasser dichter ist als Eis, muss noch mit dem Faktor 0.91 verkleinert werden, um die Dicke der entsprechenden Wasserschicht, also den Meeresanstieg zu bekommen. Resultat: 103 mm.

- Basierend auf der UN-Klima-Konferenz *COP26* im Jahr 2021, bei der eine Temperaturerhöhung von 2.7 Grad prognostiziert wurde, würde der Meeresanstieg (115 ± 40) mm betragen mit einem weitgehenden Verschwinden der Gletscher in den mittleren Breiten der Erde.

Als Beispiel aus den Alpen betrachten wir den

Morteratschgletscher im Engadin in der Schweiz

Es handelt sich um einen sogenannten Talgletscher auf einer Höhe zwischen 4000 und 2000 m. ü. M. Er war 2022 noch 6 km lang mit einer Fläche von etwa 15 km^2 und einer mittleren Breite von 2.8 km.

Die beiden folgenden Fotos von Jürg Alean und Michael Hambrey wurden mit Dank aus http://www.swisseduc.ch/glaciers/ entnommen.

Oben: 1985 war die Gletscherstirn steil und aufgewölbt, was typisch ist
Bis 2015 hat sich die Gletscherzunge um über 700m zurückgezogen

Der Rückzug der Gletscherzunge innert 10 Jahren von 2000 bis 2010 betrug 315 m,
von 1910 bis 1920 lediglich 10 m (aus [47]).

Weitere Auswirkungen und Gefahren der Erderwarmung

7.1 Extremwetter

Sie sind bedrohlich und gefährden die Gesundheit der Menschheit.

Weltweit nehmen Hitze, Busch- und Waldbrände, Stürme, Trockenheit, Starkregen und Überschwemmungen an Häufigkeit und Intensität massiv zu.

Extremwetter häufen sich auf allen Kontinenten. In Deutschland gab es im Juli 2021 eine nie dagewesene Flutkatastrophe im Ahrtal in Rheinland-Pfalz. Es starben 135 Menschen, Hunderte wurden verletzt und weite Teile des Tals wurden verwüstet. Kosten: 35 Mrd. EUR.

Laut dem EU-Klimawandeldienst *Copernicus* herrschte 2022 in Europa der heißeste jemals gemessene Sommer. Er lag im Durchschnitt 1.4 °C über dem Referenzzeitraum von 1991 bis 2000. Mehr als 1/3 des europäischen Kontinents litt unter Dürre. Die Temperaturen stiegen in Europa rund doppelt so stark wie im globalen Durchschnitt.

In Australien wüteten 2019 und 2020 verheerende Buschbrände: 3 Mrd. Tiere, darunter 143 Mio. Säugetiere, kamen um oder wurden aus dem Lebensraum vertrieben.

Einige Extremereignisse im Jahr 2022:

1. Überschwemmungskatastrophe in Pakistan: Zwischenzeitlich ein Drittel des Landes unter Wasser, 1700 Todesfälle, geschätzte Schadenssumme: 30 Mrd. US$.
2. Australiens Ostküste erlebt die schlimmsten Überflutungen seit Menschengedenken. Zehntausende Personen mussten evakuiert werden, auch die Großstadt Sydney war betroffen.
3. China erlebte die längste und schlimmste Hitze seit Beginn der Wetteraufzeichnungen 1961 mit Rekordtemperaturen von über 40 Grad während Wochen und in weiten Teilen des Landes.

A. Fässler, *Menschheitsproblem Klimaänderung*,
https://doi.org/10.1007/978-3-662-68542-6_7

In Abschnitten des Jangtse-Stromes erreichten die Pegelstände den niedrigsten Stand seit Beginn der Aufzeichnungen 1865. Die Energieproduktion mit Wasserkraft ging massiv zurück, Kohlekraftwerke liefen dafür auf Hochtouren. Große Ernteflächen wurden zerstört oder geschädigt.

4. Hitzewellen in Europa bis Großbritannien: Eine Fläche von 7500 km^2 wurde verbrannt, dreimal so viel wie der Durchschnitt der Jahre 2006–2021.
5. Japan: Extreme Schneestürme und Kälte.
6. Afrika: Während Teile des Kontinents seit Jahren auf Wasser warten, starben Hunderte Menschen nach massiven Überschwemmungen. Millionen waren von den Fluten betroffen.
7. Katastrophale Dürre in der Sahelzone vom Senegal im Westen bis nach Djibouti im Osten Afrikas. 346 Mio. Menschen hatten nicht genug zu essen. Das ist ein Viertel der Bevölkerung Afrikas.
8. Dubai, Oman, Indien, Iran, Qatar, Pakistan: Hitzewellen bis zu 50 Grad, gefolgt von verheerenden Überschwemmungen in Nordindien.
9. Argentinien: Extreme Hitzewelle bis 45 Grad und Überschwemmungen in mehreren Bundesstaaten von Brasilien.
10. Indien: Die schlimmste Hitzewelle seit 1910, vertrocknete Felder, Brände, tagelang brennende Müllkippen in Delhi.
11. Italien: In Sizilien wurden bis zu 48.7 °C gemessen.
12. 40 Grad-Hitzewelle im Nordosten der USA mit New York und Boston und einem Jahrhundert-Schneesturm im Bundesstaat New York mit 2 m Schnee.
13. Wintersturm in Kalifornien mit 2 m Schnee.

Einige Extremereignisse im Jahr 2023:

1. Auf der Ferieninsel Mallorca gab es im März weiße Palmen wegen Schneefalles von über 1 m Höhe. Dazu kamen Orkanböen und Starkregen.
2. Schon am 11. März wurden in Spanien Temperaturen bis zu 31 °C gemessen.
3. Im Juni wüteten in Kanada Hunderte Waldbrände. Weite Teile im Osten der USA wurden eingehüllt in gesundheitsschädlichem Rauch. In Großstädten wie New York und Toronto wurden Warnungen herausgegeben. Bewohner wurden angehalten, zu Hause zu bleiben und die Fenster zu schließen. Die Rauchentwicklung erreichte sogar Westeuropa!
4. China hat im Juni für mehrere Regionen die höchste Hitzewarnstufe ausgesprochen. In der Provinz Shandong wurden 43 Grad gemessen.
5. Hitzewellen im Mittelmeerraum im Juli mit dauerhaften Temperaturen über 40 °C und Hunderten von Bränden rund um die Mittelmeerregion in Italien, Griechenland, Kroatien, der Türkei, Spanien, Portugal, Algerien und Tunesien. Auf der Insel Rhodos waren es über 400 Brände: 30 000 Personen wurden evakuiert oder sind von der Feuersbrunst zu Fuß geflohen, darunter viele Touristen. Auf Sardinien wurde die höchste je gemessene Temperatur gemessen: 48.6 °C.
6. Im Juli betrug der Median der Temperatur der Wasseroberfläche des Mittelmeers 28.71 °C und derjenige des Nordatlantiks 24.9 °C: die höchsten je gemessenen Werte. Tendenz für September: noch höher.

7. Laut der NASA und dem EU-Klimawandeldienst war der Juli 2023 global der heißeste Monat aller Zeiten seit Messbeginn 1880 mit 0.24 °C über dem bisherigen Höchstwert.

8. In der nordwestchinesischen Provinz Xinjiang wurde am 16. Juli mit 52.2 °C im Dorf Sanbao ein neuer nationaler Temperaturrekord aufgestellt. Der alte chinesische Rekord aus dem Jahr 2017 lag bei 50.6 °C.

9. Im August wüteten die schlimmsten Feuer auf der Insel Maui von Hawaii in den USA seit 100 Jahren. Über 100 Todesopfer und über 2000 zerstörte Gebäude.

Die sieben wärmsten Jahre in der Schweiz wurden alle nach 2010 registriert.[1]

Klimaexperten unter der Leitung von Sonia Seneviratne von der ETH zeigen den Zusammenhang zwischen dem vom Menschen verursachten Klimawandel und den intensiven Dürren im Jahre 2022 auf der Nordhalbkugel auf. Laut der Studie hat sich die Wahrscheinlichkeit für solche Dürren um das Zwanzigfache erhöht.

In der Schweiz war der Winter 2022/2023 der schneeärmste seit mindestens 75 Jahren. Die mittlere Temperatur lag 2.5 °C über dem langjährigen Mittel.

In der folgenden Grafik sind die Daten von Schneehöhen der Beobachtungsmessstation Weissfluhjoch Davos 5WJO auf einer Höhe von 2536 m für den Winter 2022/23 bis zum März als rote Kurve dargestellt.

Hingegen bezieht sich die schwarze Kurve auf die Mittelwerte der vergangenen 32 Jahre und der graue Bereich markiert Minima (untere Grenzkurve) und Maxima (obere Grenzkurve) der Mittelwerte der vergangenen 32 Jahre.

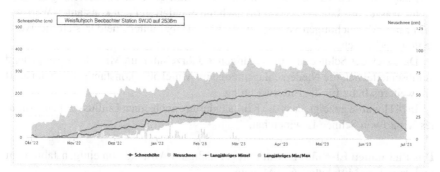

Quelle: Institut für Schnee- und Lawinenforschung SLF in Davos

Die aktuellen Werte der roten Kurve liegen wesentlich tiefer als die Mittelwerte und bewegen sich teilweise sogar in der Nähe der gemittelten Minima. Das SLF hat seit über 80 Jahren die jährlich gemessenen Schneehöhen auf Weissfluhjoch Davos grafisch erfasst (in demselben Format wie die vorangehende Figur).

---

[1] Neue Zürcher Zeitung NZZ vom 23. 12. 2022.

Die daraus vom Autor ermittelten jährlichen maximalen Schneehöhen H sind in der folgenden Grafik dargestellt, zusammen mit der berechneten Regressionsgeraden $H = 266 - 0.30 \cdot \tau$ mit τ in Jahren, welche einen leicht abnehmenden Trend zeigt.

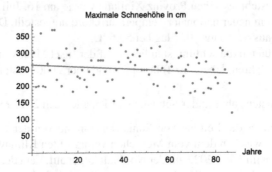

Dem Punkt ganz links entspricht der Winter 1937/38. Der tiefliegendste Punkt ganz rechts zum Winter 2022/23 markiert die niedrigste Schneehöhe in allen 85 Jahren.

Für die vom Autor geschätzten jährlichen Mittelwerte $\bar{h}$ resultiert die Regressionsgerade $\bar{h} = 138 - 0.060 \cdot \tau$.

Er war seit 1949 während vieler Jahre als Kind und Jugendlicher auf den Skiern in der Ostschweiz auf einer Höhe von 450 m mit jeweils ausreichend viel Schnee in all den Jahren. Heute wird diskutiert, ob Skistationen auf einer Höhe von 2000 m eine Zukunft haben.

Laut Bundesamt für Statistik schwankt die totale Höhe an Niederschlag in Millimeter Wasser pro Jahr seit 1864 praktisch unverändert um den konstanten Wert von 1.2 m mit Abweichungen von bis zu ± 30 %. Dabei unterscheiden sich die Werte regional erheblich.

Dass sich der Schnee in den vergangenen Jahrzehnten im Mittelland weitgehend verabschiedet hat, die Niederschlagsmenge im Mittel aber konstant geblieben ist, ist ein weiteres Indiz für die Erderwärmung.

In [41] wurde gezeigt, dass die Klimaänderung auch einen Einfluss auf ein erhöhtes Risiko von Schnee-Lawinen hat.

Das Phänomen El-Niño: Es tritt unregelmäßig im Abstand von einigen Jahren auf und dauert im Mittel etwa 6–9 Monate.

- Normalerweise wehen die Passatwinde von der Westküste Südamerikas in Richtung Westen gegen Australien, da über Südostasien ein Tiefdruckgebiet und über dem zentralen Pazifik ein Hochdruckgebiet herrscht.
  Durch die Passatwinde kommt es vor der südamerikanischen Küste zum Auftrieb von kühlem Wasser (Teil des Humboldtstroms) aus den Tiefen des Ozeans. Trockenheit an der Westküste Südamerikas einerseits sowie starke Regenfälle mit Überschwemmungen in Südostasien andererseits sind „normale" Tatsachen.
- Mit El-Niño schwächen sich die Passatwinde ab und es kommt zu einem geringeren Auftrieb des kalten Wassers bis hin zu einem möglichen Stillstand. Das

Oberflächenwasser und damit auch der Ostpazifik vor der Westküste von Süd-
amerika erwärmen sich und der Luftdruck sinkt.

Die größeren verdunsteten Wassermengen führen zu extremen Regenfällen und
Stürmen an der Westküste Südamerikas bis hinauf nach Kalifornien. Hingegen
sinkt die Wassertemperatur vor Australien und Indonesien, was zu einem Druck-
anstieg führt. Dadurch entstehen Winde in umgekehrter Richtung gegenüber den
Passatwinden.

Aus [5] und [6]: Stand 2023 ist die Frage der Forschung noch offen, ob *Häufigkeit
und Stärke* von El-Niño-Ereignissen durch die Klimaerwärmung beeinflusst werden.
Hingegen gilt als gesichert, dass sich ihre *Auswirkungen* in Zukunft verstärken mit
extremer werdenden Dürren und Überschwemmungen.

7.2 Artenvielfalt

Der folgende Text stammt aus [40]:

„Von den Eismassen der Polkappen bis zum Great Barrier Reef in Australien und
von den Küstenwäldern in Ostafrika bis zum Regenwald im Amazonas-Becken sind
die Folgen der Erwärmung bereits überall zu spüren. Studien zeigen, dass ca. 1700
Arten begonnen haben, polwärts zu wandern mit einer Geschwindigkeit von zuletzt
sechs Kilometern pro Jahrzehnt. Die Klimazonen, d. h. ihre Lebensräume, verschie-
ben sich derzeit jedoch bereits mehr als 7-mal so schnell (50 km pro Jahrzehnt), in
Zukunft könnten es 100 km pro Jahrzehnt werden.

Ein großer Teil der Arten droht dabei auf der Strecke zu bleiben. Ein Stern-Report
geht davon aus, dass bei einer globalen Temperaturerhöhung von 2 °C rund 25 %,
ab 3 °C sogar ein Drittel der bekannten Arten durch den Verlust ihrer Lebensräume
verschwinden könnten.

Besonders gefährdet sind jene Arten, die keine Auswanderungsmöglichkeit haben,
wie z. B. die Korallenriffe im Südpazifik, die Tiere und Pflanzen der Polarregionen
und der Alpen. Die Fähigkeit der Tiere und Pflanzen zur Anpassung an die Klimaänderung wird nur einen Teil dieser Verluste ausgleichen können.

Eine komplette Auslöschung vieler Arten kann nur durch eine Senkung des globalen CO_2-Ausstoßes verhindert werden.

Gemäß der Artenkonferenz in Kanada verschwinden zurzeit täglich etwa 130
Arten. Lediglich 46 % der Korallenriffe weltweit sind noch gesund.

Die Bedeutung der seit Millionen von Jahren vorhandenen Korallenriffe ist für
Meerestiere und Pflanzen vergleichbar mit der Tier- und Pflanzenwelt des Regenwaldes!"

Rückgang und Zerstörung der Biodiversität reduziert Widerstandsfähigkeit und
Produktivität der Natur mit unheilvollen Auswirkungen für die Menschheit und die
Weltwirtschaft.

7.3   Gefährliche Kipppunkte beim Klima

Wird ein Kipppunkt (Tipping-Point) erreicht, so ändert sich ein Zustand zeitlich abrupt und irreversibel in einen neuen Zustand. Dabei reicht bereits eine kleine Änderung im Erdsystem aus, um einen Kipppunkt zu erreichen.

Ein anschauliches Beispiel dazu bietet Sisyphus, der auf ewig einen großen Stein einen Berg hinaufwälzen muss. Immer wieder rollt er zurück. Hätte er damit die Bergspitze erreicht, so entspräche dies dem Kipppunkt: Mit einem kleinen Schubs würde der Stein auf der anderen Seite talwärts rollen.

Professor Thomas Stocker, Klimaforscher an der Universität Bern und langjähriges Mitglied des IPCC äußerte sich zur **Frage, welches die gefährlichen Kipppunkte beim Klima sind,**[2] folgendermaßen:

Das Verständnis von Kipppunkten ist für die Forschung – und die Menschheit – extrem wichtig. Ihre Dynamik wird noch nicht vollständig verstanden. Aber es gibt Fortschritte. Seit klar ist, dass die CO_2-Emissionen 100-mal schneller steigen und 50 % höher sind als in den letzten 800 000 Jahren,[3] stehen Kipppunkte im Zentrum brennender Fragen.

Kipppunkte mit gefährlichen globalen Auswirkungen wären

- das Versiegen des nördlichen Ausläufers des Golfstroms,
- das Wegschmelzen großer Eismassen der Antarktis,
- der Kollaps von Ökosystemen.

Aber zunehmend stehen auch regionale Kipppunkte im Fokus:

- Verschiebung von Sturmbahnen,
- Kippen des Monsuns,
- Austrocknung des Regenwaldes im Amazonas.

Kippen diese Systeme, können Ressourcen knapp und Lebensräume zerstört werden.
   Die Forschung ist seit einigen Jahren daran, Kipppunkte im Klimasystem zu iden-tifizieren und besser zu verstehen. Trotzdem können wir die Frage nicht beantworten.
   Kritische Punkte in dynamischen Systemen sind jedoch gut untersuchte Objekte in der Mathematik und der theoretischen Physik: Man kennt sogar Warnsignale.
   Doch das Klimasystem ist derart komplex – Längen und Zeitskalen der relevanten Prozesse erstrecken sich über mindestens 15 Größenordnungen –, dass die Frage für die nächsten Jahre noch eine Knacknuss bleiben wird.

Zwei Entwicklungen bringen uns jedoch einer Antwort näher:

1. Dank Supercomputern werden Klimamodelle feinmaschiger und erlauben es, immer genauer jene Prozesse zu verstehen, die zum Kippen führen könnten. Die

---

[2]Quelle: Sonntagszeitung vom 23. Juli 2023.
[3]Passend dazu ist die Grafik im Abschn. 3.2.

ersten Modelle mit einer Gitterweite von 1 km, die den ganzen Globus abdecken und Atmosphäre und Ozean umfassen, gibt es bereits: dynamische Eisströme werden ebenfalls bald eingebaut. Und auch die Atmosphärenchemie muss berücksichtigt werden. Das führt zu einer besseren Abschätzung, was kippen kann – und wann.

Die weltweite Forschungsgemeinschaft muss nun die besten Modelle entwickeln, um diese Frage zu beantworten, quasi einen Marshallplan für die Modellierung des Klimas.

2. Die volle Dynamik des Klimasystems erschließt sich uns nur aus der genauen Analyse von Klimaarchiven. Aus Eisbohrkernen der Antarktis rekonstruieren wir die Treibhausgase vergangener Zeiten. Gegenwärtig erbohrt ein europäisches Forschungskonsortium einen Eisbohrkern, der 1.5 Mio. Jahre Klimageschichte enthalten soll. Die ersten 808 m sind bereits an der Oberfläche. Ob das Eis in einer Tiefe von 2600 m tatsächlich so alt ist wie erwartet, wird die Analyse der untersten Proben in circa drei Jahren zeigen.

Der Plan besteht darin, mit diesem Kern in eine Epoche von schnelleren und schwächeren Eiszeitzyklen vorzustoßen – Terra incognita. Ob dort ebenfalls Kippereignisse aufgezeichnet sind und wie die aussehen, wird ein wichtiger Schlüssel zur Beantwortung der Frage sein.

7.4   Permafrost

In den Permafrostgebieten der Arktis, Antarktis und dem Hochgebirge sind zwischen 13 000 und 15 000 Gt Kohlenstoff gespeichert, etwa doppelt so viel wie in der gesamten Erdatmosphäre.

Permafrostböden nehmen 25 % der Erdoberfläche ein, vor allem in Gebieten in Sibirien, Alaska und Kanada. Sie sind ganzjährig gefroren.

Beim Auftauen von Permafrost werden Mikroorganismen aktiv und verwandeln im Boden gespeicherte Kohlenstoffverbindungen in Methan, Wasserdampf und Kohlenstoffdioxid, die damit den Treibhauseffekt verstärken. In Sibirien werden einige Eisenbahnlinien nicht mehr befahrbar sein, weil Schienen absacken. Erdöl-Pipelines werden instabil und es drohen Lecks. Küsten werden stärker abgetragen, Häuser stürzen ins Meer.

Der Permafrost ist längstens mit leidigen Konsequenzen angekommen: Ein Felssturz geht im Jahr 2000 auf das kleine Walliserdorf Gondo nieder. 13 Menschen verloren dabei ihr Leben. Häuser wurden beschädigt oder ganz zerstört.

Felsformationen in den Alpen kommen ins Rutschen oder stürzen ab und bedrohen Häuser und Menschen. SAC-Hütten des Schweizerischen Alpen-Clubs müssen an andere Standorte verlegt werden, wie im Falle seiner 127-jährigen Hütte am Matterhorn, oder aufgegeben werden.

7.5   Troposphäre und Stratosphäre

Eine Erhöhung der Menge an Treibhausgasen in der Atmosphäre führt zu vermehrtem Verbleiben von Wärme in der untersten Schicht, der sogenannten Troposphäre, hingegen gemäß mathematischen Modellen zu weniger entweichender Wärme in die nächsthöhere Schicht, die sogenannte Stratosphäre. Sie befindet sich in Höhen zwischen 15 km und 50 km.

Als Konsequenz nimmt die Erwärmung der Troposphäre zu, aber die Stratosphäre kühlt sich leicht ab.

2023 wurde die Abkühlung durch Beobachtungen und Messungen der globalen mittleren Temperatur mittels Satelliten und Wetterballonen in [48] zwischen 25 km und 50 km bestätigt.

Philosophisches zum Klimawandel

Sir Karl Popper (1902–1994)[1] begründete mit seinen Arbeiten zur Erkenntnis- und Wissenschaftstheorie und zur Sozialphilosophie den Kritischen Rationalismus. Er hat das wichtigste Kriterium für die empirische Naturwissenschaft formuliert, die **Falsifizierbarkeit:** „Eine wissenschaftliche Hypothese lässt sich nicht streng beweisen, wohl aber, wenn sie falsch ist, widerlegen."

Nur was so formuliert ist, dass die Hypothese als falsch entlarvt werden kann, ist von wissenschaftlichem Wert. Forschende müssen danach streben, vorherige Ergebnisse zu widerlegen, also zu falsifizieren. Das heißt, auch wenn eine Hypothese nie bewiesen werden kann, nie als letztendlich wahr gelten wird, kann man sich ihrer doch umso sicherer sein, je hartnäckiger sie Falsifikationsversuchen trotzt.

Popper lehnte die induktivistische Auffassung ab, dass aus Beobachtungen auf ein allgemein gültiges Gesetz geschlossen werden kann.

Der Falsifikationismus geht also davon aus, dass eine Hypothese niemals bewiesen, aber gegebenenfalls widerlegt werden kann. Dieser Grundgedanke ist bereits älter als Popper, man findet ihn etwa schon bei August Weismann (1834–1914).[2]

Ein gewichtiges Beispiel einer erfolgreichen Falsifikation lieferte die Newton'sche Mechanik. Sie galt lange als unumstößliches Naturgesetz, wurde durch zahlreiche Beobachtungen bestätigt und leistete bedeutende Prognosen, etwa in der Astronomie. Einstein gelang es dann aber mit physikalischen Experimenten, das Newton'sche Prinzip zu falsifizieren und damit die umfassendere Relativitätstheorie zu formulieren, welche den Spezialfall der klassischen Mechanik für kleine Geschwindigkeiten (im Vergleich zur Lichtgeschwindigkeit) beinhaltet.

---

[1]Österreichisch-britischer Philosoph.

[2]Deutscher Arzt, Genetiker, einer der bedeutendsten Evolutionstheoretiker des 19. Jahrhunderts.

A. Fässler, *Menschheitsproblem Klimaänderung*,
https://doi.org/10.1007/978-3-662-68542-6_8

Ein weiteres prominentes Beispiel lieferte die Quantenmechanik. Sie zeigt, dass die Newton'sche Mechanik im Bereich atomarer Größen versagt. Quantensprünge sind unverträglich mit den kontinuierlichen Vorgängen nach Newton.

Die Hypothese der Klimaänderung hat im Laufe der vergangenen Jahrzehnte allen Falsifizierungs-Versuchen widerstanden!

8.1   Reichtum und Armut

Aus [45] von Christoph Rehmann-Sutter:[3] „Die kolonialen Verhältnisse wiederholen sich in der Klimakrise. Anders als die früheren Kolonialisierungen wurde der Klimakolonialismus als politisches und kulturelles Expansionsprogramm nicht explizit formuliert. Der Klimaeffekt ist eine ungewollte Konsequenz. Er wurde aber in real existierenden Industrie- und Konsumgesellschaften bewusst in Kauf genommen. Wir brauchen auch einen nüchternen Blick auf die kolonialen Verhältnisse, die sich in der Klimakrise wiederholen. Dahinter steckt ein Entwicklungsmodell, das in den Industrieländern Wohlstand herstellte. Dieser ist aber nur möglich, weil er zu Lasten von wirtschaftlich weniger hoch entwickelten Ländern geht.

Einseitig verteilte Wirtschaftsmächte ermöglichen den Klimakolonialismus:

- Die reichen Länder lagern Lasten in Gesellschaften mit kleinen Fußabdrücken aus.
- Die Menschen der Industrieländer leben zudem auch auf Kosten der zukünftigen Generationen.

Beide Aspekte sind moralisch unhaltbar.

Es ist absehbar und wünschenswert, dass die armen Länder ihren Lebensstandard (Human Development Index HDI) vergrößern können. Klimaanlagen in heißen Ländern des Südens sind so wichtig für ein menschengerechtes Dasein wie Heizungen in kalten Regionen.

Die Kriterien der Nachhaltigkeit und der Klimagerechtigkeit lassen sich nur mit einer Abkehr von denjenigen systemimmanenten Zusammenhängen erfüllen, welche mit einem höheren Lebensstandard einen größeren ökologischen Fußabdruck bedingen."
Aber nicht einmal mit Netto-Null wäre das Problem gelöst: Die Kapazitäten für Nahrung und Raum sind begrenzt, wie der Club of Rome schon 1972 in *Grenzen des Wachstums* feststellte!

---

[3]Philosoph und Bioethiker an der Universität Lübeck.

8.2   Hoher Lebensstandard versus Bevölkerungswachstum

Einerseits leben die Menschen in den reichen Industriestaaten bei hohem Lebensstandard mit zu großem Ressourcen-Verbrauch bei schrumpfender Bevölkerung (auch Chinas Population ist abnehmend). Andererseits weisen arme Drittweltländer einen bescheidenen Ressourcen-Verbrauch pro Kopf auf, aber bis heute eine hohe Fortpflanzungsrate, die innert der vergangenen 30 Jahre zu einer Verdoppelung der Bevölkerungszahl führten.

Eine umstrittene schwedische Studie aus dem Jahr 2017 besagt, dass ein Kind jährlich im Durchschnitt etwa 59 t CO_2e produziert. Als Vergleich: Ein Verzicht aufs Autofahren reduziert den Ausstoß jährlich um etwa 2.4 t. Die Studie berücksichtigt allerdings auch die Folge weiterer Generationen.

Schon 1975 hat sich der österreichisch-amerikanische Kulturkritiker, Philosoph, Theologe und katholische Priester Ivan Illich in seinem Buch [28] mit dem Titel *Selbstbegrenzung, Eine politische Kritik der Technik* ausführlich mit den beiden gravierenden Problemkreisen auseinandergesetzt und Lösungsansätze vorgeschlagen. Er schrieb: **„Wir alle müssen zugeben, dass Fortpflanzung, Konsum und Müllproduktion unbedingt eingeschränkt werden müssen ... "**

Fazit: Reduktion des Ressourcen-Verbrauchs mit dem Ziel von Netto-Null einerseits und das Eindämmen der Weltbevölkerung sind notwendig und hinreichend, um ein lebenswertes Menschsein auch für zukünftige Generationen zu ermöglichen.

Small is beautiful: Die Devise „Größer, Schneller, Mehr" hat ausgedient. Die Natur ächzt unter der Ausbeutung ihrer Ressourcen, eine überentwickelte Technik und eine entfesselte Wirtschaft stoßen immer öfter an ihre Grenzen. Zu einer Zeit, in der die Gesellschaft noch unreflektiert der Religion des „industriellen Gigantismus" anhing, hat Ernst Schumacher (1911–1977)[4] die heutige Systemkrise bereits vorausgeahnt. Mit seiner Vision einer humanen Technologie, die einen geringeren Fußabdruck[5] hinterlässt und den Menschen ein Höchstmaß an selbstbestimmten Tätigkeiten erlaubt, hat er viel von dem vorweggenommen, was wir heute unter nachhaltiger Entwicklung verstehen. Sein Credo „Small is beautiful" ist daher aktueller denn je, ein perfekter Wegweiser in eine Welt, in der die Wirtschaft ökologisch ausgerichtet ist und dem Menschen dient und nicht umgekehrt.

Der Gigantismus birgt zudem enorme Sicherheitsrisiken und macht Systeme im großen Stil verletzbar. Man denke etwa an die Energiegewinnung (Kraftwerke, Stauseen, Pipelines), riesige Datenspeicher, Öltanker, Containerschiffe und Flugzeuge. Dezentralisierung und Diversifizierung hingegen macht ein System robust.

---

[4]Britischer Ökonom deutscher Herkunft. Zuvor hat schon Sir Charles Chaplin (1889–1977) vor den Gefahren des Gigantismus gewarnt.

[5]Das pure Gegenteil dazu liefern technologische Allmachtsphantasien wie etwa Touristenreisen ins All mit Hotelunterkunft oder zur Titanic in den Tiefen des Ozeans.

8.3   Beiträge verschiedener Persönlichkeiten

Wird keine Lebensspanne angegeben, so handelt es sich um Zeitgenossen. Ist keine Quelle angegeben, so wurde der Beitrag [42] entnommen.

1. **Alexander von Humboldt (1769–1859)** aus [26]: „Ich hätte diese Betrachtungen über das Absorptions- und Emissionsvermögen des Bodens, wovon im Allgemeinen das Klima der Continente und die Wärmeabnahme in der Luft abhängen, mit einer Untersuchung der Veränderungen schließen können, welche der Mensch auf der Oberfläche des Festlandes durch das Fällen der Wälder, durch die Veränderung in der Vertheilung der Gewässer und durch die Entwicklung großer Dampf- und Gasmassen an den Mittelpunkten der Industrie hervorbringt. Diese Veränderungen sind ohne Zweifel wichtiger, als man allgemein annimmt."

2. Aus dem Buch **Grenzen des Wachstums** von 1972: „Das exponentielle Wachstum belastet das Ökosystem der Erde jährlich mit mehreren Millionen zusätzlicher Menschen und Milliarden von Tonnen an Abfallstoffen. Selbst in Ozeanen, die einst unerschöpflich schienen, wird allmählich eine Art um die andere der wirtschaftlich nutzbaren Wasserbewohner ausgerottet. Offensichtlich lernt der Mensch aber nichts bei seinem Sturmlauf gegen die irdischen Grenzen."

3. **Hans Jonas (1903–1993)** entwickelte in seinem Buch *Das Prinzip Verantwortung* von 1979 eine an Immanuel Kant (1724–1804)[6] angelehnte Ethik, bei der es zu unseren Pflichten wird, zukünftige Generationen in unserem Handeln mit einzubeziehen. Seine modernen Formulierungen des kategorischen Imperativs lauten:

   • „Handle so, dass die Wirkungen deiner Handlungen verträglich sind mit der Permanenz echten menschlichen Lebens auf Erden;

   • oder negativ ausgedrückt: Handle so, dass die Wirkungen deiner Handlungen nicht zerstörerisch sind für die künftige Möglichkeit solchen Lebens;

   • oder Gefährde nicht die Bedingungen für den indefiniten Fortbestand der Menschheit."

   Jonas gab damit eine entscheidende Leitlinie für das Menschheitsproblem der Klimaänderung.
   Die Goldene Regel *Was du nicht willst, das man dir tut das füg auch keinem andern zu* ist auf den einzelnen Menschen bezogen. Hingegen geht es im Kategorischen Imperativ um eine allgemeine Gesetzgebung und Widerspruchsfreiheit.

---

[6]Deutscher Philosoph der Aufklärung und Professor für Logik und Metaphysik in Königsberg. Sein Werk *Kritik der reinen Vernunft* kennzeichnet den Beginn der modernen Philosophie. Er verfasste auch Beiträge zur Astronomie und den Geowissenschaften.

4. **Ivan Illich (1926–2002)** plädierte in seinem Buch [28] für **Konvivialität**. Damit meint er einen autonomen und schöpferischen zwischenmenschlichen Umgang und den Umgang von Menschen mit ihrer Umwelt als Gegensatz zu den konditionierten Reaktionen von Menschen auf Anforderungen durch andere und Anforderungen durch eine künstliche Welt. Für ihn war Konvivalität individuelle Freiheit, die sich in persönlicher Interdependenz verwirklicht.

Er glaubte, dass keine noch so hohe industrielle Produktivität in einer Gesellschaft die Bedürfnisse, die sie unter deren Mitgliedern weckt, wirklich befriedigen kann, sofern sie unter ein bestimmtes Niveau sinkt.

Die Technik hat dem Menschen zu dienen und nicht umgekehrt. Er schreibt weiter: „Die Gesellschaft ist ihrem Untergang geweiht, wenn das Wachstum der Massenproduktion dazu führt, dass die Umwelt ganz und gar unwirtlich wird. Eine mangelhafte Technologie kann die Welt unbewohnbar machen …In den reichen Gesellschaften ist fast jeder ein destruktiver Konsument."

Zur Mobilität schrieb er schon vor Jahrzehnten: In den letzten Jahren haben die Fortschrittsverfechter zugeben müssen, dass Autos, wie sie verwendet werden, ineffizient sind. Ineffizient deshalb, weil man geradezu zwanghaft von der Vorstellung besessen ist, hohe Geschwindigkeiten wären gleichbedeutend mit einer besseren Beförderung.

Als Denkansatz definierte er seine **verallgemeinerte Geschwindigkeit** V folgendermaßen:

$$V = \frac{\text{Weg}}{\text{Total aufzuwendende Zeit}}$$

Der Nenner umfasst mit dem Wort **total** mehr als nur die reine Fahrzeit, wie gezeigt wird am folgenden

Beispiel eines Kleinwagenbesitzers:
Die Kosten beziehen sich auf CHF oder US$ oder Euro.

- Daten:
  Benutzungsdauer 10 J (Jahre), Preis 15 000 = 125/M (Monat), Brutto-Jahresgehalt 90 000 = 7500/M, Fahrdistanz 1500 km/M. Das Auto wird de facto vom monatlichen Nettoeinkommen von 3500 finanziert.
      Bei einer monatlichen Arbeitszeit mit 21 Arbeitstagen zu 8 h entspricht das Nettoeinkommen einem Stundenlohn von 3500/(8 · 21) = 21.
- Unterhaltskosten:
  - Versicherung 500, Fahrzeugsteuer 500, Reparaturen 300, Parkplatzgebühren 500, Reifenwechsel 500, total 2300/J.
  - Preis Kraftstoff 1.80/L (Liter). Der Verbrauch von 6.5 L/100 km ergibt für 18 000 km jährliche Benzinkosten von 2106.
  - Anschaffungskosten 1500/J
    total 2300 + 2106 + 1500 = 5906/J = 492/M.
- Aufzuwendende Zeit pro Monat:
  - Bei mittlerer Geschwindigkeit von 50 km/h für 1500 km resultiert eine Fahrzeit von 30 h.
  - monatliche Stauzeit 7 h (entspricht 20 min/Tag).

- Parkplatz suchen 3.5 h (entspricht 10 min/Tag).
- Die Arbeitszeit für Kauf und Unterhaltskosten beträgt bei Kaufpreis von 125/M und Unterhaltskosten von 492/M mit dem Nettostundenlohn von CHF 21 total $(125 + 492)/21 = 29.5$ h.
  total $= (30 + 7 + 3.5 + 29.5)$ h $= 70$ h/M.

Somit beträgt die verallgemeinerte Geschwindigkeit

$$V = \frac{1500 \text{ km}}{70 \text{ h}} = 21.5 \text{ km/h}.$$

Es zeigt sich: Für sehr große Distanzen schneidet das Flugzeug gut ab, für größere Distanzen die Eisenbahn und für kleinere Distanzen das Fahrrad.

Vom Ressourcen-Verbrauch des Autos (Beanspruchung von Parkplatz und Kulturland, Staus, graue Energie) gegenüber Bahn und Fahrrad und von Gesundheits- und Sicherheitsaspekten ganz zu schweigen.

Empfehlenswerte Lektüre ist das Buch [18]. Es gewann den Leserpreis des Deutschen Wirtschaftsbuchpreises 2022.

5. **Hannah Arendt (1906–1975)** schrieb 1970 in ihrem Buch *Macht und Gewalt* über die Studentenproteste. Was als Analyse und Kritik der 68er-Bewegung gemeint war, liest sich heute wie eine Beschreibung von Fridays for Future. Damals war es die nukleare Aufrüstung, heute ist es die Klimakrise, welche die Zukunft für junge Menschen zu einer tickenden Zeitbombe macht. Darin finden sich folgende Aussagen:

   „… Der anscheinend unwiderstehliche menschliche Fortschritt, der im Verlauf der industriellen Revolution nur bestimmte Volksschichten mit Erwerbslosigkeit bedrohte und die Maschinenstürmerei auslöste, bedroht heute die Existenz ganzer Volksgruppen und potenziell die der Menschheit, ja des organischen Lebens überhaupt. … Womit wir konfrontiert sind, ist eine Generation, die in keiner Weise sicher ist, dass sie eine Zukunft hat. …"

   Zu den schon damals stattfindenden Protesten Jugendlicher schrieb sie im Buch auf S. 20–21: „Bei der neuen Generation haben wir es mit einer Menschengruppe zu tun, der die unheimlich destruktiven Tendenzen des rasanten technischen *Fortschritts* der letzten Jahrzehnte in Fleisch und Blut sitzen. … Dass diese Generation stärker im Bewusstsein eines Jüngsten Gerichts, das die Menschheit sich selbst bereitet, lebt als die *über dreißig*, ist nur natürlich, nicht weil sie jünger sind, sondern weil dies ihre ersten und entscheidenden Erfahrungen in der Welt waren."

6. **Ernst Ulrich Weizsäcker und Anders Wijkman:** „Wir brauchen einen echten Neuanfang. Aber diesmal halten wir es für notwendig, sich auch mit den philosophischen Wurzeln der schlimmen Weltlage auseinanderzusetzen. Wir müssen die Legitimität des materialistischen Egoismus in Frage stellen, welcher ja als wirksamster Antrieb unserer Welt dargestellt wird. Die Zeit ist reif für eine neue Aufklärung, finden wir, oder für andere Wege, die heutigen kurzfristigen Denkgewohnheiten und Handlungen abzulösen."

7. **Christoph Lumer:**[7] „Bei der aktuellen Klimapolitik wird ein grundlegendes moralisches Prinzip verletzt, nämlich das Verbot, andere zu schädigen. Wenn eine nachhaltige Klimapolitik die beste Möglichkeit ist, Klima-Schädigungen zu vermeiden, dann ist es nicht nur eine Frage eventueller politischer Opportunität oder des Wunsches nach einer sauberen, natürlicheren Umwelt, eine nachhaltige Klimapolitik zu betreiben, sondern schlicht eine moralische Pflicht."

8. **Kirsten Meyer**[8] schreib in ihrem Buch [36]: „Treibhausgase, Mikroplastik, Abholzung – Umweltschäden von heute gehen zu Lasten der Menschheit von morgen. Das ist unmoralisch:

   Künftige Generationen haben einen Anspruch auf ein gutes Leben. Der Umgang mit den natürlichen Ressourcen ist einer der wichtigsten ethischen Konflikte der Gegenwart. Insofern stehen wir heute schon in der Pflicht, die Interessen zukünftiger Generationen, wie saubere Luft, Nahrung, Befriedigung der Grundbedürfnisse, die wir beanspruchen, sicherzustellen. Entscheidend für das Realisieren sind zwei Faktoren: Verursacherprinzip und Finanzierungsfähigkeit. Global gesehen gilt, dass die Industrieländer das Problem größtenteils verursacht haben und auch monetär am besten in der Lage sind, ihren Beitrag zur Behebung des Problems zu leisten.

   Auf nationalstaatlicher Ebene sollen die Kosten von Umwelt- und Klimaschutzmaßnahmen in erster Linie von Wohlhabenden getragen werden, die durch ihre Lebensweise am meisten zur Belastung der Umwelt beitragen. Eine zusätzliche Steuer als Anreiz, sich umweltfreundlicher zu verhalten, ist nur dann sinnvoll, wenn der Staat klimafreundliche Investitionen tätigt wie beispielsweise der Ausbau des öffentlichen Nahverkehrs und der Bahn."

9. **Bruno Latour (1947–2022)**[9] beantwortete für [42] eine Reihe von Fragen. Zur Frage, ob die Klimaproblematik auch eine Generationenfrage ist, antwortete er: „Die verschiedenen Generationen haben nicht dieselbe Verantwortung. Darum kommt es zu jener Verkehrung der Ordnung der Generationen, verkörpert durch die junge schwedische Klimaaktivistin Greta Thunberg, die mich fasziniert: Den Leuten aus meiner Generation, die hätten handeln können, sagt sie: „Wir Jugendliche sind reif, im Gegensatz zu euch. Ihr seid die Kindsköpfe, die Unreifen." Die Jugendlichen sind nicht reifer als wir, sie kommen nach uns. Greta Thunberg trägt zur Verarbeitung dieser neuen klimatischen Situation bei. Endlich eine prophetische Figur. Ein Prophet kümmert sich ja nicht um die Zukunft, sondern um die Gegenwart. ... Wir müssen eine in der Erdgeschichte einmalige Situation verarbeiten."

---

[7]Professor für Moralphilosophie an der Universität Siena.
[8]Professorin an der Humboldt-Universität Berlin.
[9]War ein bedeutender französischer Soziologe und Wissenschaftsphilosoph.

10. **Wang Yangming (1472–1529):**[10]
   „Wer verstanden hat und nicht handelt, hat nicht verstanden."

11. **John Broome:**[11]
   „Die meisten Klimawissenschaftler sind verzweifelt. Sie machen diese Arbeit
   seit Jahrzehnten, und der Welt ist es egal."

---

[10]Konfuzianischer Philosoph in der chinesischen Ming-Dynastie.
[11]Emeritierter Professor für Moralphilosophie an der Oxford University. Arbeitete am fünften Sachstandsbericht des IPCC von 2014.

Anhang

9.1 Begriff der Differentialgleichung

Es handelt sich bei den Differentialgleichungen 1. Ordnung um Gleichungen für **Funktionen,** bei denen nebst der Funktion auch ihre 1. Ableitung vorkommt.

Beispiel 9.3 Exponentialfunktionen

Gesucht sind Funktionen $f(x)$, welche die folgende Differentialgleichung erfüllen:

$$\frac{\mathrm{d}f}{\mathrm{d}x} = f$$

Falls $f(x)$ den Wert y annimmt, so besagt die Differentialgleichung, dass die Steigung von der gesuchten Funktion f dort den Wert $y = f(x)$ aufweisen muss. Nun zeichnen wir an vielen Stellen „Kompassnadeln" mit der erwähnten Steigung.

Auf der Geraden $y = 1$ haben also die „Kompassnadeln" die Steigung 1, auf der Geraden mit $y = 1/2$ die Steigung $1/2$, u. s. w.

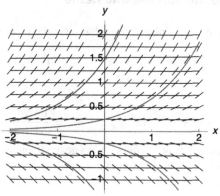

A. Fässler, *Menschheitsproblem Klimaänderung*, https://doi.org/10.1007/978-3-662-68542-6_9

Offenbar existiert für jeden **Anfangswert** $f(0) = C$ genau eine Lösung, nämlich die **Exponentialfunktion**

$$f(x) = C \cdot e^x \quad \text{für } C \neq 0.$$

Denn es ist $f'(x) = (Ce^x)' = Ce^x = f(x)$.
Für den Spezialfall $C = 0$ lautet die Lösung $f(x) = 0$.   ◇

Beispiel 9.4   Klima-Modell
Die Lösung $T(t)$ der Differentialgleichung mit den gegebenen Konstanten $a > 0$ und $b > 0$

$$\frac{\mathrm{d}T}{\mathrm{d}t} = a - b \cdot T$$

und der Anfangsbedingung $T(0) = 0$ lautet $T(t) = \frac{a}{b}(1 - e^{-b \cdot t})$.

Überprüfung auf Richtigkeit: Einsetzen der Lösung in die rechte Seite der Differentialgleichung ergibt

$$a - b \cdot \frac{a}{b}(1 - e^{-b \cdot t}) = a \cdot e^{-b \cdot t},$$

also ihre Ableitung $\frac{\mathrm{d}T}{\mathrm{d}t}$. Zudem ist auch die Anfangsbedingung erfüllt.

Eine besonders einfache und physikalisch interessante zeitunabhängige (also konstante) Lösung der Differentialgleichung (oft stationäre Lösung genannt) erhält man durch Nullsetzen der rechten Seite und Auflösen nach $T = \frac{a}{b}$. Denn die Ableitung einer konstanten Funktion verschwindet.

Ein solches Vorgehen ist für kompliziertere nicht-lineare Differentialgleichungen interessant. Falls eine stationäre Lösung existiert, so kann sie durch Lösen einer gewöhnlichen Gleichung berechnet werden.   ◇

9.2   Geometrische Summe und Reihe

Durch Ausmultiplizieren der linken Seite erhält man die rechte Seite:

$$(1 - m) \cdot (1 + m + m^2 + m^3 + \ldots + m^k) = 1 - m^{k+1}.$$

Somit gilt

$$1 + m + m^2 + m^3 + \ldots + m^k = \frac{1 - m^{k+1}}{1 - m}.$$

Falls $|m| < 1$, so konvergiert m^{k+1} für $k \to \infty$ gegen 0 und es folgt für die geometrische Reihe (mit unendlich vielen Summanden)

$$1 + m + m^2 + m^3 \ldots = \frac{1}{1 - m}.$$

Beispiel 9.5 $1 + \frac{1}{2} + \frac{1}{4} + \frac{1}{8} + \ldots = \frac{1}{1-1/2} = 2$, was auch geometrisch gut verifiziert werden kann, indem man das Intervall von 0 bis 2 halbiert, dann die rechte Hälfte halbiert, danach die verbleibende Strecke rechts halbiert, etc. Mit fortgesetzter Halbierung kommt man beliebig nahe an die Zahl 2 heran.   ◇

Literatur

1. Berkeley Earth, a non-profit research organization: Global Temperature Report 2022 (2023). https://berkeleyearth.org.
2. Binetoglou, I. und Susa, Z.: Die North Stream-Gaslecks im Vergleich (2022). https://www.catf.us/de/2022/10/putting-nord-stream-gas-leaks-perspective/.
3. Blom, P.: Die Unterwerfung, Carl Hanser Verlag (2022).
4. Bojanowski, A.: Entscheidet der Thwaites-Gletscher wirklich über das Schicksal der Menschheit?, Die Welt, Wissenschaft (2022). https://www.welt.de/wissenschaft/article236634497/Klimawandel-Der-Thwaites-Gletscher-als-angebliches-Untergangsorakel.html.
5. Cai, W., Borlace, S., Lengainge, M. et al.: Increasing frequency of extreme El-Niño events due to greenhouse warming. Nature Climate Change 4, 111–116 (2014). https://doi.org/10.1038/nclimate2100.
6. Cai, W. et. al: Changing El-Niño-Southern Oscillation in a warming climate. Nature Reviews Earth and Environment (2021). https://doi.org/10.1038/s43017-021-00199-z.
7. Chandler D. L.: Shining brightly, MIT News (October 2011).
8. Cheng, L., Abraham, J., Trenberth, K.E. et al.: Another Year of Record Heat for the Oceans. Adv. Atmos. Sci. (2023). https://doi.org/10.1007/s00376-023-2385-2.
9. Climate Change 2013: The Physical Science Basis. Fifth Assessment Report of the Intergovernmental Panel on Climate Change (IPCC).
10. IPCC-Sonderbericht, 1.5° C Globale Erwärmung, Zusammenfassung für politische Entscheidungsträger, 64 Autoren weltweit (2020). www.ipcc.ch/site/assets/uploads/2020/07/SR1.5-SPM_de_barrierefrei.pdf.
11. IPCC, 2019: Zusammenfassung für politische Entscheidungsträger. In: IPCC-Sonderbericht über den Ozean und die Kryosphäre in einem sich wandelnden Klima [H.-O. Portner, D.C. Roberts, V. Masson-Delmotte, P. Zhai, M. Tignor, E. Poloczanska, K. Mintenbeck, A. Alegria, M. Nicolai, A. Okem, J. Petzold, B. Rama, N.M. Weyer (Hrsg.)]. In Druck. Deutsche Übersetzung auf Basis der Onlineversion inklusive Errata vom 2. März 2020. Deutsche IPCC-Koordinierungsstelle, Bonn, (2021). https://www.ipcc.ch/site/assets/uploads/sites/3/2021/12/SROCC-SPM_de_barrierefrei.pdf
12. IPCC Special Report on the Ocean and Cryosphere in a Changing Climate (2019). https://www.ipcc.ch/srocc/.
13. IPCC, Klimawandel 2021. Naturwissenschaftliche Grundlagen. Zusammenfassung für die politische Entscheidungsfindung. Beitrag der Arbeitsgruppe I zum Sechsten Sachstandsbericht des Zwischenstaatlichen Ausschusses für Klimaänderungen [Masson-Delmotte, V., P. Zhai, A. Pirani, S.L. Connors, C. Pean, S. Berger, N. Caud, Y. Chen, L. Goldfarb, M.I. Gomis, M. Huang,

K. Leitzell, E. Lonnoy, J.B.R. Matthews, T.K. Maycock, T. Waterfield, O. Yelekci, R. Yu, and B. Zhou (eds.)]. In Druck. Deutsche Übersetzung auf Basis der Druckvorlage, Oktober 2021. Deutsche IPCC-Koordinierungsstelle, Bonn; Bundesministerium für Klimaschutz, Umwelt, Energie, Mobilität, Innovation und Technologie, Wien; Akademie der Naturwissenschaften Schweiz SCNAT, ProClim, Bern (2022). Zu finden unter: www.de-ipcc.de/media/content/AR6-WGI-SPM_deutsch_barrierefrei.pdf

14. IPCC Climate Change, The Physical Science Basis, Summary for Policymakers (2021). https://www.ipcc.ch/report/ar6/wg1/downloads/report/IPCC_AR6_WGI_SPM_final.pdf#page=33.

15. Priyadarshi R. Sh. et al.: Climate Change 2022, Mitigation of Climate Change, Working Group III Contribution to the Sixth Assessment Report of the IPCC. https://www.ipcc.ch/report/ar6/wg3/downloads/report/IPCC_AR6_WGIII_SPM.pdf.

16. Klimabericht 2022 der Weltmeteorologieorganisation (WMO) der UNO. https://public.wmo.int/en/media/press-release/wmo-update-5050-chance-of-global-temperature-temporarily-reaching-15°c-threshold

17. Grupp, M. et al.: IPCC Climate Change 2022: Mitigation of Climate Change, Working Group III. https://www.ipcc.ch/report/sixth-assessment-report-working-group-3/.

18. Diehl, K.: Autokorrektur–Mobilität für eine lebenswerte Welt, S. Fischer Verlag (2022).

19. Fässler, A.: Schnelleinstieg Differentialgleichungen, anwendungsorientiert-verständlich-kompakt. 2. Auflage, Springer (2020).

20. Fässler, A.: Groups, Symmetry and Symmetry Breaking in the Proceedings on Mathematical Modelling in Education and Culture ICTMA p. 143–152 (2003) of the ICTMA 10-Conference at Tsinghua University in Beijing (2002).

21. Farinotti, D. et al.: A consensus estimate for the ice thickness distribution of all glaciers on Earth, Nature Geoscience 12, 168–173 (2019). https://www.slf.ch/de/newsseiten/2019/02/eisvolumen-aller-gletscher-der-welt-neu-berechnet.html.

22. Friedlingstein, P. et al.: Global Carbon Budget 2022, Earth System Science Data. https://essd.copernicus.org/articles/14/4811/2022/essd-14-4811-2022.pdf.

23. Stewart, I. and Golubitsky, M.: Fearful Symmetry: Is God a Geometer?, Dover Publications Inc., New York (2010), Copyright 1992.

24. Goosse, H.: Climate System Dynamics and Modelling, Cambridge Univesity Press (2015).

25. Gravens, H. D.: Impact of Fossil Fuel Emissions on Atmospheric Radiocarbon over this Century (2015).

26. Humboldt, A.: Central-Asien, Untersuchungen über die Gebirgsketten und die vergleichende Klimatologie, p. 214 (1844).

27. Huss, M. and Farinotti, D.: Distributed ice thickness and volume of all glaciers around the globe. Journal of Geophysical Research, 117, F04010 (2012). https://doi.org/10.1029/2012JF002523.

28. Illich, I.: Selbstbegrenzung, Eine politische Kritik der Technik, 3. Auflage, Verlag C.H. Beck (2014).

29. Jonas, H.: Das Prinzip Verantwortung (1979).

30. Bressan, D.: Carbon Dioxide Peaked in 2022 At Levels Not Seen For Millions of Years, Science (2022).

31. Klima, I.: Liebe und Müll, Hanser Verlag (1991).

32. Lanz, K.; Müller, L.; Rentsch, C.; Schwarzenbach, R.: For Climate's Sake, in collaboration with the Department of Environmental Sciences, Swiss Federal Institute of Technology Zurich ETHZ. Lars Müller Publishers (2011). Ein empfehlenswertes Buch zur Klimaänderung mit vielen eindrücklichen Fotos.

33. Levin, I. et al.: Observations and modelling of the global distribution and long-term trend of atmospheric 14CO2,Tellus, Ser. B Chem. Phys. Meteorol., 62(1), 26–46, (2010). https://doi.org/10.1111/j.1600-0889.2009.00446.x.(2010).

34. Lindsey, R.: Climate Change: Atmospheric Carbon Dioxide (2022). http://www.climate.gov/news-features/understanding-climate/climate-change-atmospheric-carbon-dioxide.

35. Mackintosh, A.: Thwaites Glacier and the bed beneath, Nat. Geosci. 15, 687?688 (2022). https://doi.org/10.1038/s41561-022-01020-2.

36. Meyer, K.: Was schulden wir künftigen Generationen? Herausforderung Zukunftsethik, Reclam (2018).
37. Meadows, D. et al: Grenzen des Wachstums (1972).
38. NASA: Global Climate Change (2021). https://climate.nasa.gov/vital-signs/global-temperature/.
39. Hogonnet, R. et al.: Accelerated global glacier mass loss in the early twenty-first century, Nature 592, p.726–731 (2021). https://www.nature.com/articles/s41586-021-03436-z.
40. Niedermair, M., et al.: Klimawandel & Artenvielfalt. Wie klimafit sind Österreichs Wälder, Flüsse und Alpenlandschaften? (2007).
41. Ortner, G., Bründl, M., Kropf, C. M., Bühler, Y., and Bresch, D. N.: Climate change impacts on snow avalanche risk in alpine regions, EGU General Assembly 2022, Vienna, Austria, May 2022, EGU22-8571. https://doi.org/10.5194/egusphere-egu22-8571 (2022).
42. Interviews und Beiträge zur Klimakrise, Philosophie Magazin, Sonderausgabe 16, Herbst/Winter 2020/2021, Philomagazin Verlag GmbH.
43. Oroschakoff, K.: Planet A der NZZ vom 25. Januar 2023. https://img.nzz.ch/S=W972/O=75/ https://img.nzz.ch/2023/01/25/d84bcd9a-5fdd-4639-8398-59e79158ed09.png.
44. Paleoclimate Working Group of the National Center for Atmospheric Research NCAR in Boulder, Colorado, supported by the National Science Foundation NSF (2017).
45. Rehmann-Sutter, C.: Klimawandel – und die Philosopie? (2019). https://www.philosophie.ch/ 2019-07-16-rehmannsutter.
46. Rignot, E. et al.: Four decades of Antarctic Ice Sheet mass balance from 1979–2017, PNAS National Academy of Sciences (2019).
47. Ringenbach, A.: Gletscher ein Markenzeichen der Schweiz – wie lange noch?, Maturaarbeit Kantonsschule Solothurn, Betreuer: B. Marti (2014).
48. B. D. Santer et. al.: Exceptional stratospheric contribution to human fingerprints on atmospheric temperature. Proceeding of the National Academy of Science (2023). https://www.pnas.org/doi/10.1073/pnas.2300758120.
49. Rounce A. et al., Global glacier change in the 21st century: Every increase in temperature matters, Science 379, 78–83 (2023).
50. Schmidt, B.E., Washam, P., Davis, P.E.D. et al.: Heterogeneous melting near the Thwaites Glacier grounding line. Nature 614, 471–478 (2023). https://doi.org/10.1038/s41586-022-05691-0.
51. The International Thwaites Glacier Collaboration: Thwaites Glacier, Seafloor images explain Thwaites Glacier retreat (September 2022). https://thwaitesglacier.org/news/seafloor-images-explain-thwaites-glacier-retreat.
52. Shi, J-R. et.al.: Ocean warming and accelerating Southern Ocean zonal flow, Nature Climate Change, vol.11, 1090–1097 (2021). https://doi.org/10.1038/s41558-021-01212-5.
53. Statista Research Department: Bevölkerungsdichte nach Kontinenten 2021 und 2100. de.statista.com (2022).
54. Statista, Muschter, R.: Bevölkerungsdichte in Indien bis 2050, (2023).
55. Muschter, R: Gesamtbevölkerung in Indien, Statista de.statista.com (2023). https://de.statista.com/statistik/daten/studie/19326/umfrage/gesamtbevoelkerung-in-indien/.
56. Muschter, R: Bevölkerungsdichte in China bis 2050, Statista de.statista.com (2023).
57. Statista Research Department: CO2-Ausstoß weltweit bis 2021 (November 2022). https://de.statista.com/statistik/daten/studie/37187/umfrage/der-weltweite-co2-ausstoss-seit-1751/.
58. Tierney, J. E. et al.: Past Climate Change inform our Future, Science, vol. 370, issue 6517, eaay 3701, (2020). https://doi.org/10.1126/science.aay370.
59. Thwaites-Gletscher: Kipp-Punkt fürs Klima, Video NZZ (2022). https://cdn.jwplayer.com/previews/E03fBDgL.
60. Zhang, Z., Poulter, B., Feldmann A.F. et al.: Recent intensification of wetland methane feedback. Nature Climate Change (2023). https://doi.org/10.1038/s41558-023-01629-0.
61. https://www.meereisportal.de/newsliste/detail/antarktische-meereisausdehnung-erreicht-allzeittief. (2023)
62. https://nsidc.org/arcticseaicenews/charctic-interactive-sea-ice-graph/.

63. https://wiki.bildungsserver.de/klimawandel/index.php/Arktisches_Meereis.
64. Dokumentarfilm: Kohlenstoff, eine Geschichte von Leben und Tod, Spektrum Verlag (2022): https://www.spektrum.de/video/kohlenstoff-eine-geschichte-von-leben-und-tod/2007691.
65. Levin I., et al. of Carbon Cycle Group, University of Heidelberg: Long-term monitoring of 14CO2 in the global atmosphere, (2022). https://www.iup.uni-heidelberg.de/de/research/kk.
66. Grafik zum mittleren Temperaturverlauf der Erdoberfläche unter https://de.wikipedia.org/wiki/Globale Erwärmung.
67. Im Internet eingeben mit: Grafik co2 konzentration erdatmosphäre.
68. https://de.wikipedia.org/wiki/Liste_der_größten_Methanemittenten.
69. https://www.nasa.gov/feature/goddard/2017/messier-74.
70. Rabo, O.: Cooler Future unter https://www.coolerfuture.com/blog-de/co2-aquivalent.
71. Temperaturanomalien von 1850 bis 2020 unter https://www.metoffice.gov.uk/hadobs/hadcrut5/index.html.
72. Aktuelle Klimaänderungen unter https://wiki.bildungsserver.de/klimawandel/index.php/Aktuelle_Klimaänderungen.
73. Skizze Thwaites-Gletscher unter https://www.sciencealert.com/scientists-discover-what-s-underneath-the-unstable-thwaites-glacier.
74. Arktis ohne Eis?, WWF (2020). https://www.wwf.de/themen-projekte/projektregionen/arktis/arktis-ohne-eis.
75. Climate Change 2022, Mitigation of Climate Change, Working Group III Contribution to the Sixth Assessment Report of the Intergovernmental Panel on Climate Change, Summary for Policymakers (2022). https://www.ipcc.ch/report/ar6/wg3/downloads/report/IPCC_AR6_WGIII_SPM.pdf.

Stichwortverzeichnis

Printed in the United States
by Baker & Taylor Publisher Services